AF250434

VOYAGES ET SOUVENIRS

DU DUC DE RICHELIEU.

Chez les
Libraires
de . . . .
{
Londres,
Bruxelles,
Hambourg,
Leipsik,
Saint-Pétersbourg,
Moscow,
Milan et Florence.
}

IMPRIMERIE STÉRÉOTYPE D'HERHAN,
rue des Boucheries-St.-Germain, n° 38.

VOYAGES ET SOUVENIRS

DU DUC DE RICHELIEU,

PRÉSIDENT DU CONSEIL DES MINISTRES ;

OU L'ON A MÊLÉ PLUSIEURS FRAGMENS DES MÉMOIRES INÉDITS DE CET HOMME CÉLÈBRE.

Par L. T. d'Asfeld.

La gloire d'un ministre est dans sa pauvreté.
DRAPARNAUD.

DEUXIÈME ÉDITION.

A PARIS,

Chez { PÉLICIER, place du Palais-Royal, n° 243 ;
LADVOCAT, Palais-Royal et quai Malaquais ;
LECOINTE et DUREY, quai des Augustins.

AOUT, 1827.

VOYAGES ET SOUVENIRS

DU DUC DE RICHELIEU,

PRÉSIDENT DU CONSEIL DES MINISTRES,

OU L'ON A MÊLÉ PLUSIEURS FRAGMENS DES MÉMOIRES INÉDITS DE CET HOMME CÉLÈBRE ;

Par L. T. d'Asfeld,

AVEC CETTE ÉPIGRAPHE :

La gloire d'un ministre est dans sa pauvreté.
DRAPARNAUD.

DEUXIÈME ÉDITION [*].

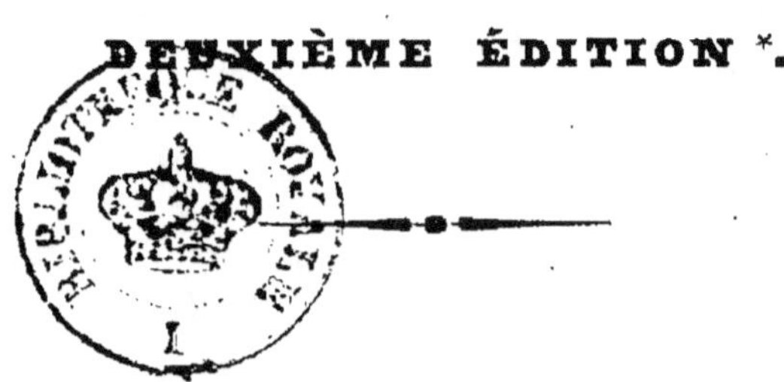

La première édition de cet ouvrage parut le mois d'avril dernier, et elle fut épuisée dans l'espace de quinze jours, quoique les journaux littéraires aient pu seuls en parler, à cause des débats parlementaires qui absorbaient les colonnes de ceux consacrés à la politique.

Le nom de M. de Richelieu, le souvenir de son administration en Crimée, de son désintéressement héroïque et des services qu'il a rendus à la France en la délivrant des armées étrangères, ont beau-

[*] Un volume ; prix : 4 fr., et 4 fr. 50 cent. par la poste. — A Paris, au Palais-Royal, chez Ladvocat, Pélicier, Gauthier, à la Tente ; chez Lecointe et Durey, quai des Augustins ; et chez l'Auteur, rue Neuve-Saint-Marc, n° 3.

coup contribué sans doute au succès de cet ouvrage ; mais il était présumable, par la noble indépendance avec laquelle son jeune auteur défend les principes d'une sage liberté, et fait ressortir les vertus d'un ministre dont ses successeurs semblent avoir pris à tâche de faire regretter plus vivement la perte. Aussi le tribunal occulte n'a-t-il pas permis aux journaux d'annoncer la seconde édition, parce qu'on a cru trouver dans les portraits de certains personnages la critique détournée d'une administration bigote, et qu'on loue surtout M. de Richelieu d'avoir préféré sa retraite à la honte d'attacher son nom à la faction qui nous opprime.

Cet ouvrage est publié au *profit d'une famille malheureuse* que protégeait M. de Richelieu ; on y trouvera un Précis de sa vie depuis sa naissance, ses voyages en Italie, en Allemagne, à la cour de Joseph II, à celle de Catherine ; ses liaisons avec l'émigration française, sa présence dans l'armée russe au siége d'Ismaël, son passage en Sybérie. Les particularités curieuses sur les divers lieux où le voyageur s'arrête sont accompagnées de détails intéressans sur les personnages qu'il rencontre, et dont plusieurs ont obtenu, à divers titres, plus ou moins de célébrité ; tels que le *prince Édouard Stuart, Catherine,* le *duc d'Orléans, M*^me. *de Krudner, Potemkin,* le *général Lafayette* et beaucoup d'autres.

Les journaux ont vanté les portraits de Jacques II et de Potemkin, par M. de Richelieu ; nous ajouterons que tous les fragmens de ses Mémoires inédits que contient cet ouvrage prouvent que le fondateur d'Odessa, le bienfaiteur de l'hospice de Bordeaux, était non seulement un homme de bien, mais encore un écrivain distingué *.

* Voyez la *Revue Britannique* du mois d'avril ; *le Mercure* du 5 mai, *la Pandore* des 18 mai et 15 juin, la *Revue Encyclopédique* du mois de mai, et surtout *la France Chrétienne* du 8 juin, *la Réunion* du 15.

AVERTISSEMENT

PRÉLIMINAIRE.

C'est en Angleterre que je finissais Haslam-Ghéraï (*a*). Je m'étais engagé avec mon libraire à livrer le manuscrit vers le mois de décembre, afin qu'il le publiât dans les premiers jours de janvier. Je le lui envoyai, en effet, au moment où la *Loi d'amour* vint arrêter toutes les spéculations de la librairie ; mais, cédant à ses ins-

---

(*a*) *Ghéraï* est le nom patronimique de la dynastie qui régna sur la Crimée, depuis l'année 1434 jusqu'à l'époque de sa réunion à l'empire Moskovite en 1784 : il lui vient *d'Hadgi*, fils *d'Attaï*, prince de la race de *Jenghis-Khan*.

Toute la famille *d'Hadgi* ayant été massacrée par l'usurpateur *Édigée-Mangal*, neveu de Tamerlan, il fut sauvé, n'étant encore qu'au berceau, par un paysan de Toki nommé *Ghéraï*, qui alla le cacher en Asie où il l'éleva comme son fils. Lorsque les Tatars secouèrent le joug d'Édigée, et qu'ils appelèrent *Hadgi* pour les gouverner, ce prince voulut, pour honorer la mémoire de son libérateur, que lui et ses descendants prissent à jamais pour nom patronimique le nom du paysan ; et c'est ainsi que cette branche de Gengis-khan a toujours porté le nom de *Ghéraï*.

Voyez la note 1re d'Haslam-Ghéraï.

tances, j'en ai suspendu la publication jusqu'a-
près le rejet de ce projet désastreux.

Cependant un homme illustre, dont l'indulgence a souvent encouragé ma craintive médiocrité, a voulu que je fisse d'abord paraître un
extrait de mon ouvrage, sous le titre de *Voyages
et Souvenirs*, afin d'en employer le produit à
soulager une veuve et deux orphelins de militaire à qui M. de Richelieu donnait des secours.
J'ai suivi ce conseil avec d'autant plus d'empressement, qu'il me procure deux avantages : celui
de contribuer à une bonne action, et de faire
connaître un écrit, qui, s'il n'est pas jugé si
mauvais qu'on ne puisse en rien dire, sera, j'ose
l'espérer, honoré de critiques dont je ferai mon
profit en publiant la totalité.

Les journaux se sont à-peu-près moqués de
presque toutes les personnes à qui un auteur
célèbre a cru donner l'immortalité, en les plaçant dans ses mémoires. Cependant, dans le
nombre des noms exceptés de leurs plaisante-
ries, celui qui protège mon livre est de ceux
qu'ils ont avoué mériter ces louanges, et cela
prouve qu'ils connaissaient la dame illustre qui
le porte. On ne s'étonnera donc pas que j'aie
réuni à cet *extrait* l'épître dédicatoire et l'avertissement qui doivent précéder le grand ouvrage;

quant aux notes, elles auraient trop grossi le volume, je les réserve pour être mises à la suite d'*Haslam*; je me contente d'en conserver seulement deux, celles sur le prince *Charles Édouard* et *Nicolas Rienzi*, qui pourront donner des autres une idée vraie.

Mon *extrait* prend M. de Richelieu à sa naissance, jusqu'à son arrivée à Odessa. Les détails de son admirable conduite, durant tout le cours de son administration en Crimée, se lira dans *Haslam*, et le volume auquel je travaille maintenant, embrassera les événements de sa vie, depuis 1812 jusqu'au congrès de Véronne, c'est-à-dire, six mois après sa mort.

Paris, 26 février 1827.

OUVRAGES DU MÊME AUTEUR

POUR PARAÎTRE INCESSAMMENT.

HASLAM-GHÉRAI, sultan de Crimée etc., 2 vol. in-8°.

LE VICOMTE DE LARA, ou Mémoires d'un Gallo-Castillan. 2 vol. in-8°.

LE COMTE DE TOULOUSE ou la Femme du prophète Elie, jouant de la vielle avec Sysigambis. 1 vol. in-12.

L'ARTIFICIEUSE BOUBOU, ou les Amours d'une Hottentote. 1 vol. in-12.

PÉLICAN ET PÉNELOPE, ou la Cour de Jéricho. 1 vol. in-12.

SOURINETTE ET TOUTON, ou une Épisode de ma vie. 1 vol. in-12 avec cette épigraphe :

> Je vais mourir, beauté divine;
> Viens ranimer par ton aspect
> Ce cœur qui brûle pour Sourine
> Comme le hêtre le plus sec.

N.. L......

NOTA. Ces différents ouvrages paraîtront d'ici au mois de juillet, à *Paris, Londres, Bruxelles, Munich* et *Lisbonne.*

ÉPITRE DÉDICATOIRE

A MADAME

HÉLÈNE de BEAUFFREMONT,

COMTESSE de CHOISEUL - GOUFFIER,

PRINCESSE du SAINT EMPIRE ROMAIN,

DÉCORÉE DE LA CROIX DE L'ORDRE RELIGIEUX ET MILI-
TAIRE DE SAINT-JEAN DE JÉRUSALEM, ETC.

MADAME,

Lorsque j'ai essayé de peindre une amitié parfaite, embellie de tout ce que peuvent y ajouter les qualités de l'esprit et le goût le plus exquis, j'ai senti ne devoir qu'à vous seule ce que ma faible esquisse pouvait avoir de vrai; et bien qu'elle soit fort au-dessous de son modèle, je me suis flatté que vous daigne-riez en accepter l'hommage.

Je l'aurais peut-être rendu moins in-digne de vous, Madame, si, durant ces rapides soirées de Tivoli, où vous portiez tant d'agrément, j'avais su apprendre de votre illustre amie (*a*) à peindre avec justesse, à m'exprimer avec grace, et à juger avec discernement; mais n'ayant pu lui dérober qu'une âme remplie d'admiration pour vous, c'est à votre protection que je confie uniquement le jeune HAS-LAM. Semblable à ces mouches conservées dans l'ambre, qui n'ont de prix que par la substance qui les fait valoir, s'il réussit, c'est à vous seule qu'il devra sa fortune et l'indulgence du public.

Je suis, avec respect,

MADAME,

Votre très-humble et très-obéissant serviteur,

L. T. d'Asfeld.

(*a*) Madame la comtesse de Genlis, dont la bonté généreuse accueillit ma jeunesse et honora mes malheurs d'un interêt qui sera toujours mon plus cher souvenir et l'éternel objet de ma reconnaissance.

AVANT-PROPOS.

⸺✦⸺

> Je crois très-sincèrement: j'irais demain,
> pour ma foi, d'un pas ferme à l'échafaud...
> Je ne fais point métier et marchandise de
> mes opinions. Indépendant de tout, fors
> de Dieu, je suis chrétien sans ignorer mes
> faiblesses, sans me donner pour modèle,
> sans être persécuteur, inquisiteur, délateur,
> sans espionner mes frères, sans calomnier
> mes voisins..... Le Christianisme porte
> pour moi deux preuves manifestes de sa
> céleste origine : par sa morale il tend à
> nous délivrer des passions ; par sa politique
> il a aboli l'esclavage : c'est donc une reli-
> gion de liberté : c'est la mienne.

CHATEAUBRIAND.

J'étais encore, pour ainsi parler, dans l'âge
de l'adolescence, quand un illustre prélat, qui
m'honorait de son intérêt, me fit l'honneur de
me présenter à M. le duc de Richelieu dont il
était l'intime ami. Je n'avais d'autre titre que
l'entier dévouement avec lequel j'avais combattu
pour la cause royale, alors qu'elle ne triomphait
pas encore, et il suppléa à mon insuffisance
auprès du français généreux qui osa, le 6 octobre 1789, exposer sa vie pour garantir celle
de ses maîtres.

La folie des voyages, et mille autres folies,
m'empêchèrent de profiter de ses bontés; mais

les jours de l'adversité vinrent m'atteindre, et toujours indulgent, comme le sont les âmes pures, loin de laisser affaiblir sa protection, M. le duc de Richelieu, me croyant assez puni par mes regrets, oublia mes erreurs et daigna me la conserver encore.

Désabusé enfin, des agitations d'une jeunesse orageuse, je revenais à Paris avec l'espoir de prouver à mon illustre bienfaiteur, que du moins j'avais su préserver la reconnaissance de mon naufrage, quand il fut enlevé à sa patrie.

L'empereur Alexandre dit ce mot remarquable en apprenant sa mort : *La France n'a pas su l'apprécier.* L'Europe lui paya un juste tribut d'éloges, et cependant je trouvai qu'on n'en parlait point encore assez.

J'engageai une personne d'un grand nom littéraire à écrire sa vie ; elle me le promit, je lui procurai même des renseignements précieux ; mais M. de Richelieu ne pouvait plus lui rendre de services que dans le ciel, et quoiqu'elle semble maintenant ne soupirer que pour l'éternité, je ne pus en obtenir que des promesses.

Depuis cette époque, ma vie aventureuse, peut-être aussi les regrets de ma reconnaissance, m'ayant conduit en Crimée, j'ai interrogé les lieux témoins de la gloire de M. de Richelieu ; j'ai vu la mémoire de ses bienfaits gravée dans tous les cœurs ; mon admiration m'a séduit, et afin de m'excuser à moi-même, je me suis persuadé que pour célébrer un homme de bien on n'avait pas besoin de talent. , ... j'ai osé raconter ses vertus.

Cependant, comme on lit avec plus d'empressement un pamphlet qu'un éloge, que les femmes surtout préfèrent en général les romans à l'histoire, j'ai adopté le plan de M. de Marchangy, dans son Tristan voyageur, et enveloppé mon sujet d'une intrigue amoureuse qui, en lui servant de cadre, m'a semblé devoir le rendre plus animé.

Les héros de ce cadre ne sont pas des êtres imaginaires, ils vivent encore et sont venus à Paris. L'anecdote qui m'a donné l'idée de les mettre en scène se trouve dans l'histoire de la nouvelle Russie. Si l'on veut se donner la peine de lire cette anecdote, qui n'a que quatre pages, on verra les développements que je lui ai donnés.

Mes personnages discutent, agissent, voyagent et racontent leurs impressions : dans leur nombre le père Émery, Euphémie et la Zigane sont de mon invention ; mais Iwan est bien cet enfant sauvé, par M. de Richelieu, du massacre d'Ismaël, et dont il parle dans ses mémoires inédits. J'ai cru qu'en faisant raconter par cé jeune homme l'histoire de son bienfaiteur, jusqu'à son arrivée à Odessa, il me serait permis de mettre dans son récit la reconnaissance qui remplit mon âme.

Les détails que je donne sur les lois, les mœurs, la religion, la littérature, la langue et les usages des Tatars et des Russes sont historiques. Ce que je dis du village de la Mission a aussi un fond de vérité, puisque tous les historiens s'accordent à affirmer qu'il y a dans l'intérieur du Caucase une peuplade de chrétiens jouissant de tous les bienfaits de la civilisation. Ils furent réunis en société par des missionnaires italiens, lorsque les Vénitiens et les Génois possédaient des colonies sur les côtes de la Mer-

Noire. Depuis cette époque ils se sont garantis, par le secours de leur foi, de la barbarie qui les environnait; ils ont continué à parler la langue italienne, et conservent le culte, les mœurs et les usages qui leur avaient été primitivement donnés. Un voyageur anglais assure même que ces chrétiens imitent, sur le Caucase, à l'égard des voyageurs égarés, la sublime charité dont les vénérables religieux du mont Saint Bernard donnent, parmi nous, le touchant spectacle.

Je sais que l'époque actuelle n'est guère favorable pour parler d'un prêtre avec éloge; mais ceux qui ne confondent pas la religion avec le fanatisme, et la liberté avec la licence, ceux-là savent que, si la France repousse de sa juste indignation ces colporteurs d'amulettes qui vont semant le trouble et l'hypocrisie dans nos départemens, elle environne de son respect ces pasteurs vénérables, la gloire de l'église gallicane, et l'éternelle condamnation de la secte oppressive qui veut nous asservir. Je peux donc espérer que l'on daignera lire, avec quelque indulgence, ce que je dis d'un *vrai* missionnaire, fidèle à sa double vocation de sujet et de chrétien, et qui se croirait aussi coupable d'insulter aux institutions de son pays, que de blasphêmer contre la loi divine dont il est le ministre.

Le récit du comte d'Orsey, étant censé être fait avant la funeste campagne de Russie; j'ai dû me permettre quelques anachronismes, afin de pouvoir faire entrer dans mon cadre les actions de M. de Richelieu qui honorent le plus son administration en Crimée. De ce nombre est la peste d'Odessa qui eut lieu en 1812, bien qu'elle paraisse dans le récit, avoir exercé ses ravages avant cette époque. D'ailleurs les détails que j'en donne sont historiques, ainsi que la conduite héroïque du duc de Richelieu et de M. l'abbé Nicole, qui affrontèrent ce terrible fléau avec un courage qu'on ne saurait jamais assez louer.

J'avais peu de détails sur le voyage de M. de Richelieu en Italie; mais les entretiens que j'ai eu souvent avec M. l'abbé de Labedan (*a*), qui l'avait accompagné, m'en ont fourni de suffisans; je me suis d'ailleurs permis d'y suppléer en lui pretant les impressions que j'ai moi-même éprouvées chaque fois qne j'ai visité cette contrée célèbre.

Le prince Edouard était mort plusieurs années avant ma naissance (*b*), mais j'eus l'honneur d'être présenté à madame la comtesse d'Albany lors de mon premier voyage à Florence; et cette illustre dame ayant daigné me permettre de lui faire ma cour, pendant son dernier séjour à Paris, je l'ai entendue parler souvent de l'opinion qu'avait son auguste époux, de la révolution de 1688; ce qu'elle en disait, est précisément ce que je fais dire au comte d'Albany. J'avoue néanmoins que le penchant que je me suis toujours senti pour les princes malheureux, m'a fait prêter au dernier des Stuarts un bon sens qu'il n'avait peut-être point; car s'il faut en croire Alfiery, il était, malgré ses malheurs, de ceux qui *n'ont rien oublié ni rien appris*.

(*a*) L'abbé de Labedan, après avoir fait l'éducation du duc de Richelieu, fut chargé de celle de S. A. S. l'infortuné duc d'Enghien.

(*b*) Il mourut à Florence vers la fin de 1789.

Quand aux actions que je signale, elles sont toutes de la plus rigoureuse exactitude ; je n'aurais rien pu inventer qui fût comparable à la simple vérité, et il faut toute l'autorité d'une authenticité contemporaine pour qu'on puisse croire à tout ce que les vertus de M. de Richelieu avaient d'antique et de céleste.

Ceux qui le jugent comme administrateur, d'après le système qu'il fut obligé de suivre en France, pendant qu'elle avait à sa solde deux cent mille ennemis, ont été dans une grande erreur en se permettant de calomnieux murmures. Et pourtant, c'est ainsi que les royalistes payèrent ses services lors de sa première administration ; car en France l'on n'est équitable envers les hommes d'état qu'après leur mort ou leur disgrâce ; parce que c'est ordinairement la conduite de leurs successeurs qui est leur plus bel éloge.

Il n'est pas un cœur français qui ne bénisse à jamais la mémoire de M. de Richelieu, d'avoir bravé les *notes secrètes* pour délivrer la patrie du joug de l'étranger, et surtout d'avoir préféré sa retraite à la honte d'attacher son nom au triomphe d'une faction rétrograde, qui voudrait substituer le capuchon à la couronne, afin de nous ramener au siècle du *deb nnaire*.

La postérité dira avec admiration, que l'Europe entière, secondée de la trahison et de huit cent mille hommes, eut besoin de se résigner à combattre au nom de la liberté des nations pour soumettre la France, vaincue par les élémens, et désarmée surtout par des promesses pacifiques. Nos soldats s'engagèrent à ne plus combattre, et l'on vit alors ces étrangers naguére si modestes, montrer impérieusement les prétentions les plus exagérées et annoncer le projet de nous traiter comme une conquête.

C'est dans ces circonstances que M. de Richelieu se servit, pour notre salut, de l'ascendant que lui avaient donné ses vertus auprès des rois ligués. Il adressa à l'un d'eux une lettre, ou il le prie *de ne point porter au désespoir une grande nation qui vient d'éprouver de cruels revers ; mais qui sentait encore ses forces et dont le ressentiment pouvait deve ni terrible* ; il ajoute avec une patriotique indépendance, *qu'il serait le premier à conseiller ce noble désespoir à son roi et à son pays, si l'on ne revenait pas à un système de modération aussi conforme à la saine politique, qu'à la justice et à l'honneur* (a).

Les réclamations des étrangers s'élevaient à près *d'un milliard* ; elles furent réduites par les efforts du duc de Richelieu à *douze millions quatre-vingt mille francs* de rentes sur le grand livre. *Un pareil résultat*, dit M. le cardinal de Beausset, *n'a besoin ni d'éloges ni de commentaires.*

M. de Richelieu était parvenu avec beaucoup de peine, à faire insérer dans le traité du 20 novembre 1815, des clauses qui rendaient conditionnelles la durée de l'occupation. Il se flatta

---

(a) Pour juger de la différence qu'il y a pour les nations d'être administrées par des hommes d'état ou par des *hommes d'affaires*, il suffit de comparer ce noble langage avec celui qui vient de révéler officiellement à l'Europe, qu'un synode de capucins ose braver impunément la France victorieuse et la réduire à l'humiliation, de subir les superbes sarcasmes d'un étranger!...

qu'en acquittant la subvention de guerre (*a*), il pourrait délivrer la France de ce joug oppresseur. Mais pour y réussir, il fallait démontrer la malveillance de ces notes secrètes par lesquelles un pouvoir occulte et anti-français, cherchait à peindre notre situation intérieure comme peu rassurante pour la tranquillité de l'Europe. M. de Richelieu parvint à écarter de fausses préventions et à prouver que cette rivalité de partis qui se manifeste dans nos assemblées n'est que la conséquence nécessaire de la forme de notre gouvernement. *Il osa prendre sous sa propre responsabilité la tranquillité de la France, et ce fut sur sa garantie personnelle,* que nous vîmes disparaître de nos provinces les hordes ennemies.

Il pût alors adopter un plan de gouvernement qu'il a constamment suivi ; celui de faire triom-

(*a*) M. le duc de Richelieu fut puissamment secondé, *dit M. le cardinal de Bausset*, par l'habile ministre des finances, M. Corvetto, homme dont les talents égalaient la probité, dont les éminents services n'ont pas été assez reconnus ni sentis..... M. Jacques Laffite aida aussi M. de Richelieu dans cette opération importante avec ce patriotisme et ces hautes lumières qui lui assurent l'estime de toute la nation. On n'oubliera point qu'à l'époque de la seconde restauration, M. Laffite remit entre les mains du ministre du trésor, la somme de *deux millions* prise dans sa propre caisse, et qu'il n'a jamais négligé l'occasion d'être utile à son pays comme de soulager le malheur. On assure que l'arrondissement où est né ce bon citoyen (Bayonne) veut s'honorer, en le nommant pour son représentant à la chambre des députés. Si ce projet se réalise, les Basses-Pyrénées acquéreront le double avantage d'acquitter la dette de la Patrie, et de fournir un défenseur de plus aux libertés publiques.

pher les principes monarchiques en les combinant avec ceux de la liberté, et s'abstenir, par conséquent, de toute oppression contre les partisans d'un autre régime. Les ministres qu'il s'était associés, se conformèrent avec sincérité à cette direction; tous leurs actes furent en harmonie avec ses vues modérées, et il serait impossible de citer un seul fait qui pût leur être opposé avec quelque justice.

Ce honteux espionnage, que sous les précédents ministères des hommes honorables, en *apparence* avaient eu l'indigne courage d'exercer sans rougir, fut relégué, par M. de Richelieu, dans les fanges de la police, et il rétablit les droits de la morale et de l'honneur, en rangeant dans la même classe les délateurs, les espions et les voleurs (*a*).

La direction de l'instruction publique fut confiée à un homme déjà illustré par son dé-

---

(*a*) On a vu, durant nos discordes civiles, des voleurs convaincus se dérober à la vindicte des lois par le respect qu'inspirait une famille vénérée, mais se venger ensuite de leur infamie en accusant de *dénonciations* des hommes dont la vie entière démentait une aussi cruelle accusation, et trouver de la confiance parmi les simples comme parmi les méchants. L'expérience devrait apprendre pourtant, que les *infâmes* cherchent toujours à grossir leur nombre par la corruption ou par la calomnie, dans l'espérance de pouvoir éviter, à travers la foule, la juste indignation des gens de bien.

Un homme, quelqu'eût été son rang, qui aurait, auprès de M. de Richelieu, osé décorer d'une opinion; la dénonciation et l'espionnage, n'aurait recueilli d'autre récompense que le mépris et la haine généreuse dont la vertu doit à jamais flétrir la perversité la plus odieuse.

vouement à la royauté proscrite (*a*) et à la défense de nos libertés. Le commerce protégé,
l'industrie encouragée, l'effectif de l'armée, les
places fortes, le calme qui régnait sur tous les
points du royaume, tout dans l'intérieur attes-
tait le bonheur d'une administration bienfai-
sante qui promettait le plus doux avenir. La
loi des élections fut modifiée, mais du moins
on ne se permit pas ces ordres violateurs des
droits électoraux qui ont signalé d'autres époques.
Les impôts furent diminués, l'indépendance de
nos voisins fut respectée, et l'on ne tint pas à
honneur de dépenser trois cent millions pour le
singulier plaisir de voir manœuvrer la sainte
milice du révérend père Cyrille.

Lorsque M. le duc de Richelieu rentra pour
la seconde fois au ministère, il avait longtemps
résisté aux instances de la famille royale ; mais
il se dévoua de nouveau lorsqu'un horrible attentat vint ravir à la France sa dernière espérance,
et surtout quand il vit que personne ne voulait
s'attacher sans lui à la direction des affaires ;
car ce fardeau paraissait trop pénible pour des
mains inaccoutumées.

On se servit de son nom pour appeler la confiance sur une administration déconsidérée ;
comme on s'est servi plus tard du nom de notre

(*a*) M. Royer-Collard travaillait conjointement avec
M. l'abbé de Montesquiou au rétablissement de la
royauté, lorsque Louis dix-huit vivait exilé sur une
terre étrangère, et il entretenait avec ce prince, une
correspondance périlleuse. Il est glorieux pour la liberté de compter au nombre de ses plus éloquens défenseurs les sujets les plus fidèles.

plus beau génie pour donner de la popularité à
des hommes qui n'étaient sortis de leur obscurité,
que pour protester contre le premier bienfait
du roi législateur.

Les principes sincèrement religieux qui dis-
tinguaient M. de Richelieu, lui faisaient souhaiter
avec raison, que le culte et ses ministres fussent
environnés de la majesté et du respect qui leur
appartient ; mais il était trop bon français pour
consentir à ce que la suprême indépendance du
roi se laissât asservir par un pouvoir quelconque;
il voulait que la vraie religion fut un frein pour
le vice, une consolation pour la vertu malheureuse ; mais qu'elle ne servît jamais d'échelon à
la fortune ; aussi le vit-on combattre de toute
l'autorité de sa conscience, ce système corrup-
teur, qui, en faisant une nécessité de l'hypocrisie, bouleverse les fondements de l'ordre social,
et semble ne vouloir placer le trône sous l'autel
qu'afin d'opérer plus facilement la ruine de l'un
et de l'autre.

« En perdant l'espérance d'être utile, *comme
il croyait pouvoir l'être*, M. de Richelieu dut
se retirer. Sa retraite à l'époque de son premier
ministère n'avait excité en lui aucun regret ; il
n'en fut pas de même en cette dernière circonstance, et il l'a avoué hautement, sans faste,
sans ostentation et avec la simplicité d'une âme
toujours vraie. C'est encore le plus beau trait,
peut-être, de cet admirable caractère. Il savait
qu'on ne pouvait se méprendre sur les motifs de
cette douleur noble et vertueuse. C'est la France
elle-même qui a dit d'une voix unanime, que
*M. de Richelieu n'a regretté que le pouvoir de
faire le bien.* Plus il s'était flatté d'être arrivé au

2*

terme de ses vœux , plus son âme a été déchirée de voir s'évanouir la pensée dominante de toute sa vie. »

« Il serait inutile de le dissimuler, ses derniers jours ont été pénibles et douloureux, son cœur avait été profondément atteint ; il dédaignait tout ce qui s'attache au pouvoir, et ne respirait que la gloire du roi et le bonheur de la France. Il avait vu se réaliser, pendant son second ministère, une partie des espérances dont il avait toujours aimé à se nourrir. » Et maintenant, il craignait l'avenir par les envahissement; d'un parti d'autant plus menaçant, que sans patriotisme et sans foi, il invoque pourtant ce qu'il y a de plus auguste et de plus sacré, pour dérober aux ames crédules ses projets subversifs.

« Peu d'hommes d'état ont possédé, à un degré aussi remarquable que M. de Richelieu, le talent d'écrire comme un homme d'état doit écrire. Rien n'est comparable à l'étonnante facilité avec laquelle il rendait toutes ses idées, sans jamais chercher ses expressions, qui venaient naturellement se placer sous sa plume, et qui étaient toujours les plus convenables aux choses, aux personnes et aux circonstances. C'était à la fois le style du ministre d'un grand roi, et celui d'un homme du monde plein de politesse et d'égards. Toutes les dépêches importantes adressées aux agens du roi dans les Cours étrangères, étaient écrites de sa main (a)

_____

(a) M. de Châteaubriand a toujours ainsi, durant son ministère, écrit lui même toutes ses dépêches. Pour comprendre l'importance d'une telle précaution, et n'offrent ni ratures, ni recherches, ni efforts. Nous avons la ferme confiance que ce recueil, si interressant, des opérations diplomatiques de M. de Richelieu, ne sera pas perdu pour l'histoire ; car il faut encore observer que jamais aucun ministre ne s'est moins servi de ses secrétaires. Il n'était pas un particulier un peu connu, à qui il ne répondît de sa main, avec empressement, franchise et obligeance.

« Sa loyauté avait fait sur tous les alliés l'impression qu'elle ne manquait jamais de faire sur tous ceux qui s'établissaient en relation avec lui. C'est le duc de Wellington qui a dit que : *la parole du duc de Richelieu vaut un traité*. Mot remarquable qui, dans la bouche d'un étranger, renferme le plus grand éloge qui ait peut-être jamais été fait d'un ministre (a). »

Loin de se défier de la philosophie ou de la liberté, quand elles sont dans leurs vrais sens, M. de Richelieu a toujours secondé leur triomphe en combattant le fanatisme et l'ignorance. Il a commis des fautes, sans doute ; mais ceux-là même, qui auraient pu les lui reprocher, ont eu la justice de les excuser par son intègre bonne foi ; et s'il eût le malheur d'attacher son nom au souvenir d'un événement qui fit répandre bien des larmes, il racheta du moins l'obligation qu'on lui imposa, à cette époque,

il suffira de se rappeler la corruption par laquelle M. Lamb, ambassadeur à Madrid, vient de se procurer tous les secrets du cabinet Espagnol.

(a) Voyez *l'éloge* de M. le duc de Richelieu, prononcé le 8 juin 1822 à la Chambre des Pairs, par M. le cardinal de Beausset, pages 25 et suivantes.

par l'énergie avec laquelle il appuya à la Chambre des Pairs (13 octobre 1815), l'opinion généreuse de monseigneur le duc d'Orléans, sur les réactions, que le brigandage paré d'une opinion essayait de rendre légales (*a*).

Je me juge avec trop d'équité pour oser me flatter d'avoir fait un ouvrage digne de M. de Richelieu ; mais j'ai espéré qu'en rappelant sa noble vie, j'inspirerais au talent le désir de le célébrer avec la supériorité qu'il faut pour parler de l'homme le plus vertueux de son siècle.

J'ai intercallé dans mon récit plusieurs fragments de ses mémoires inédits, et c'est sans doute ce qu'il y a de mieux dans ce livre, la seule chose peut-être qui dédommagera d'avoir eu la complaisance de le lire.

J'ai également emprunté plusieurs pages à l'éloge prononcé devant les Pairs, par M. le cardinal de Beausset, à l'époque où la France perdit M. de Richelieu. Une notice sur ses travaux administratifs dans la Russie méridionale, par M. S....., et le second cahier du journal asiatique, du 15 août 1822, m'ont aussi fourni des citations que j'ai eu soin de noter, en les faisant remarquer par des guillemets et par des notes.

J'ai consulté l'excellent ouvrage de M. le marquis de Castelnau, ceux de l'archevêque de Mohilow et du comte Jean Potoki ; les éloges de MM. Dacier et Villemain. J'ai lu Hérodote,

______

(*a*) Les Journaux Anglais seuls, publièrent l'opinion de M. le duc d'Orléans, qui se montra alors, comme dans tout le reste de sa vie, le digne fils d'Henry quatre.

Ovide, Strabon, Diodore de Sicile, Forma-
Léony etc., pour les notes explicatives (*a*), les
mœurs, les usages et les détails historiques; enfin j'ai moi-même visité les lieux et interrogé les
souvenirs des bons habitants de la nouvelle
Russie.

J'ai donné à Haslam, à Paulwits et à Iwan,
les vertus que je voudrais acquérir : j'ai peint
Orithie avec celles qui font une femme accom-
plie, religieuse avec tolérance et sans superstition, modeste sans pruderie, tendre sans exaltation, subordonnant toujours ses penchants à
à ses devoirs; telle est la compagne d'Haslam.
Et bien que cette réunion de qualités aimables
soit ordinairement fort rare, ceux qui con-
naissent mes rapports savent que pour la peindre
je n'ai pas eu besoin de l'inventer.

Mon livre n'est pas une histoire, puisque je
suis privé du génie qui fait les historiens, et
que d'ailleurs je n'ai pas eu la prétention d'é-
crire une histoire. Ce n'est pas un roman, puisque tout y est vrai; il n'a ni la grâce d'une
nouvelle, ni la légèreté d'un conte; si l'on me
demande ce que c'est, je dirai que je n'en sais
rien : mais auprès de mes amis il aura, du moins
je l'espère, le mérite de prouver que, dans

(*a*) Ces notes sont, en quelque sorte, une biographie
détachée de l'ouvrage, sur les lieux, les événemens
et les personnages célèbres dont il est parlé dans le
texte. J'ai cru que le lecteur me saurait gré de lui
rappeler les détails de faits, d'autant plus intéressants
qu'ils sont consacrés dans la mémoire des hommes
par le génie des grands écrivains ou par les souvenirs
glorieux de l'histoire du monde.

mon âme, la reconnaissance ne finit pas même avec le bienfaiteur.

L'intrigue est simple et n'offre aucune situation théâtrale; le héros qui a de fort belles dents craindrait de les casser *s'il mordait des pierres*, quand il se croit abandonné de sa maîtresse. L'héroïne ne se jette pas *dans le Danube*, et ne s'expose pas à prendre *un coup de soleil*, pour donner des preuves de son amour.

Au lieu de se tuer, ou de mourir de douleur, ces deux amants ont l'indigne faiblesse de vivre et d'attendre; parce qu'ils ne sont pas fous. Aussi nos dramathurges ne me feront-ils pas l'honneur de prendre *Haslam* pour le sujet de leurs compositions; c'est un très-grand malheur, sans doute, mais j'aurai le courage de m'en consoler, en songeant qu'un écrivain condamné à l'obscurité par de faibles talents, peut néanmoins espérer d'être lu avec indulgence, s'il sait respecter la religion, les mœurs, le gouvernement et les personnes. Comme c'est le seul genre de succès auquel il me soit permis de prétendre, je serai parfaitement heureux de l'obtenir, et je m'en glorifierai comme d'un triomphe.

L. T. D'ASFELD.

Londres, le 27 décembre 1826,
Great Marlborouhg Street.

HASLAM-GHÉRAI[1],

SULTAN DE CRIMÉE,

OU

VOYAGES ET SOUVENIRS

DU DUC DE RICHELIEU,

PRÉSIDENT DU CONSEIL DES MINISTRES.

Amor omnibus idem.
VIRG.

Nò non, vedrete mai
Cambiar gl' affetti miei,
Bei lumi onde imparai
A sospirar d'amor.
METAST.

What' s, female beauty, but an air divine
Thro' which the mind' s, all gentle graces shine
They like the sun irradiate all between
The body charms, because the soul is seen.
YOUNG.

Ce n'est pas uniquement dans nos heureux climats que l'amour exerce son empire, il règne également sur les cœurs qui semblent le méconnaître, et s'il ne daigne pas alors embellir ses offrandes de tous les rafinements du goût, et employer dans son langage séduisant cette délicatesse qui, parmi nous, donne à ses armes un pouvoir irrésistible, dumoins il est toujours sincère, et s'accroît avec violence des obstacles qui le devraient éteindre.

Durant ces années de deuil où la France, veuve de son roi, rachetait avec des lauriers les forfaits d'une époque funeste, proscrit et jeune encore, j'errais au milieu de peuples barbares en attendant que des jours plus heureux me permissent de revoir ma patrie. Après m'être arrêté sur les ruines de Carthage, je parcourus l'Égypte et la Syrie, je visitai ces lieux illustrés naguère par la mort d'un poète guerrier (a), et qui retentissent maintenant des chants glorieux de la délivrance.

Pendant mon séjour à Constantinople j'allais souvent à Terrapia, joli village situé sur la côte d'Europe, à quatre lieues de cette capitale, où la France possède une belle maison de plaisance. Je fis connaissance chez le général Sébastiany, alors notre ambassadeur près la Porte Ottomane, avec un émigré français, nommé le comte d'Orsey, qui habitait la nouvelle Russie, et

(a) Lord Byron mort à Missolunghi le 19 avril 1824.

qui se proposait d'y retourner. Ce que mes amis et moi avions entendu raconter de l'ancienne Tauride, nous détermina sans peine à voyager dans ces contrées, et nous acceptâmes la proposition que nous fit le comte de partir avec lui.

Le vaisseau sur lequel nous devions monter nous attendait aux roches Cyrannées, c'est-à-dire à l'embouchure du Bosphore de Thrace. Nous nous rendîmes au fort de Fanaraki et mîmes à la voile le lendemain; en trois jours nous traversâmes le Pont-Euxin, et ce fut sans avoir éprouvé d'accident que nous mouillâmes dans le port de Sevastopol (2).

Tous les bâtiments qui viennent des mers de Turquie, sont soumis en Crimée à une rigoureuse quarantaine. Cependant comme la peste n'était point alors à Constantinople, et qu'il n'y avait pas de malades dans notre vaisseau, l'amiral Poustochkin, commandant de la place, et le général Bardac, capitaine du port, à qui nous étions recommandés, se relâchant de l'usage ordinaire, nous proposèrent de passer le temps de la quarantaine au couvent de Saint-Georges, près Balaclava, dont l'emplacement fut illustré jadis par le temple de Diane (3), et celui d'Oresteon (4).

La nuit était tombée quand nous arrivâmes au couvent ; mais je n'oublierai jamais l'incomparable beauté du paysage qui s'offrit à notre vue, lorsque le lendemain nous visitâmes les environs. La rivière de Balbec (ou Kabarda), grossie d'une infinité de petits ruisseaux, coule au fond d'une vallée, et forme une nappe d'eau limpide où vont se réfléchir, comme dans une glace, les sites délicieux qui l'environnent. On trouve de tous côtés des prairies toujours vertes, des bosquets d'arbres touffus, des vergers, des vignobles, des terres à bled, et à travers cette aimable diversité on aperçoit la ville de Sevastopol, bâtie en amphithéâtre, et les ruines de l'antique Kerson (5) si célèbre, dans les annales des anciens peuples, par son amour pour la liberté. Le monastère est construit sur une éminence qui domine la vallée, comme pour laisser voir plus facilement encore la magnificence de ce tableau.

Cette retraite semble réunir tous les avantages que peut désirer l'homme studieux qui aimerait à la fois la solitude, les lettres et les arts. Le poëte y serait inspiré par la trace des siècles héroïques (6), et par les souvenirs bien plus glorieux encore d'Homère (a), d'Alexandre,

____

(a) *Homère* parle de la Tauride, qu'il nomme le pays

de Démosthène et de César (7). L'antiquaire y pourrait découvrir les ruines des plus fameux monuments , et l'ami de la sagesse , enfin , trouverait dans les nouvelles institutions de la Crimée de quoi bénir la mémoire de ce français (*a*); qui sut mettre au-dessus d'une haute illustration le titre sacré de bienfaiteur des hommes.

Nous allions nous promener, ordinairement, dans la partie du promontoire où se trouvait jadis le temple que les Tauriens, pour honorer Oreste , consacrèrent à l'amitié ; et afin de varier l'amusement de nos promenades, M. d'Orsey, qui aime à conter, nous entretenait souvent de ses voyages et surtout de M. de Richelieu, dont les grandes qualités remplissaient d'admiration tous ceux qui eurent le bonheur de vivre dans son intimité ; il nous parlait aussi avec intérêt d'Haslam , sultan (*b*) de la famille des

des Cymeriens, dans l'Odissée liv. 11. — *Démosthène* en parle dans ses Plaidoyers contre Phormiou et contre Lacrytus.—*Virgile*,dans ses Géorgiques liv. 3; et *Ovide* a répandu dans ses Tristes, liv. 3 et 5, l'amertume qu'il éprouvait d'être relégué non loin de ces rives.

(*a*) Armand-Emmanuel-Sophie-Septimanie-Duplessis, duc de Richelieu, président du conseil des ministres, etc., mort à Paris en 1822.

(*b*) Avant la réunion de la Crimée à l'empire de Russie, on appelait *Sultans* tous les princes du sang de Ghéraï, parce qu'ils étaient considérés comme de-

Gheraï, qui régna long-temps sur la Crimée. Ce jeune prince venait de se couvrir de gloire à la prise d'Anapa, et tout ce qui le regardait excitant notre curiosité, nous priâmes M. d'Orsey de vouloir bien nous raconter son histoire. Il nous conduisit, en conséquence, sur les ruines du temple de l'Amitié, et il commença à-peu-près en ces termes le récit des aventures du jeune Haslam.

RÉCIT.

Qu'un ami véritable est une douce chose !
Il cherche vos besoins au fond de votre cœur ;
    Il vous épargne la pudeur
    De les lui découvrir vous-même ;
    Un songe, un rien, tout lui fait peur,
    Quand il s'agit de ce qu'il aime.
             La Font. fab. *des deux Amis.*

Après que l'impératrice Catherine II eut réuni la Tauride à ses vastes états, Maksoud,

vant un jour occuper le trône ; car le grand-seigneur étant le maître du choix, on devait naturellement ignorer sur lequel d'entre eux tomberait ce choix.

fils de l'infortuné Sahim-Ghéraï (8), dernier
khan de Crimée, se réfugia avec Haslam son fils,
encore enfant, chez les barbares connus sous le
nom Tscherkesses ou Circassiens..........
....

. Ici M. d'Orsey raconte l'éducation d'Haslam,
sa liaison avec Paulwits, leur départ pour
Odessa, leur séjour dans cette ville nouvelle,
et l'amitié qu'ils se vouent l'un à l'autre. Ils se
rendent ensemble aux fêtes d'Oschakof; durant
la traversée, Haslam sauve la vie à Orithie,
princesse de Circassie, il en devient amoureux ;
histoire d'Orithie et de son père ; détails sur les
mœurs et les usages des Circassiens. Les fêtes
sont suspendues par la maladie du duc de Richelieu : le comte d'Orsey peint l'affliction générale, et il s'exprime en ces termes.........
(*Voir Haslam-Ghéraï annoncé dans l'avant-
propos*)...........
....Les fêtes devaient commencer le lendemain de l'arrivée de Moudarin et des deux
amis; mais le duc de Richelieu, qui avait promis
de les présider, étant tombé malade, les étrangers et les Russes, qui affluaient à Oschakof,
refusèrent de se livrer à la joie tant qu'il fut en
danger; et des hommes de tous les cultes, réunis
par les mêmes sentiments, faisaient retentir les

3*

temples de leurs vœux pour celui dont la protection assurait leur bonheur ; c'était en crai-
gnant de le perdre que tous se rappelaient sa
bonté, et l'environnaient, pour ainsi parler,
de leur reconnaissance. Aussitôt que la maladie
se fut déclarée, on envoya des courriers dans
toute la nouvelle Russie, et M. de Richelieu
put se convaincre alors combien il était aimé :
pendant le temps que dura le danger de son
état, on s'arrêtait mutuellement pour s'interroger, et chacun croyait le garantir en racontant
ce qu'il savait de ses vertus. Pénétrés d'admiration pour l'objet de tant d'amour, les deux
amis se mêlaient dans la foule afin d'entendre
ses louanges, et ils recueillaient avec d'autant
plus d'intérêt tous les traits de sa gloire, que
celle-là, libre de dépouilles, est uniquement
fondée sur des bienfaits.

Un jeune homme nommé Iwan, qui avait
été sauvé du massacre d'Ismaël, fixa plus par-
ticulièrement leur attention ; il n'avait que dix
ans quand cette ville fut emportée d'assaut, et
il aurait été massacré sur les cadavres de tous
ses parents, sans M. de Richelieu qui le déroba
à ses assassins et le plaça dans une école militaire, d'où il sortit avec le brevet de lieutenant.
Ses souvenirs exaltaient ses regrets, et dans son

désespoir, Iwan se révoltait contre la douleur, et s'abandonnant au délire de la reconnaissance, il voulait cesser de vivre, croyant empêcher ainsi son bienfaiteur de mourir! Il faut savoir aimer pour comprendre tout ce qu'un véritable attachement peut faire souffrir; voilà pourquoi les caractères arides se moquent de la sensibilité, comme d'une émotion factice; ne se doutant pas qu'une faculté qui donne le courage de s'oublier soi-même pour se dévouer aux autres, est la plus énergique et la plus pure. Ils accusent ce qu'ils devraient admirer; mais les deux amis avaient appris, par leur mutuelle affection, à pénétrer dans l'âme de ceux qui souffrent, et sans avoir besoin d'employer ces phrases toutes faites, qui ne sont que de la froideur maniérée; ils parvinrent à soulager Iwan du poids de son malheur, et ce fut en l'écoutant avec intérêt qu'ils encouragèrent sa douleur à se répandre dans le sein de l'amitié. Ils désiraient vivement l'entendre leur parler de M. de Richelieu, mais dans les premiers instants de la maladie, Iwan était uniquement absorbé par la crainte de le perdre. Cependant une crise heureuse étant venue lui rendre l'espérance, les deux amis ne furent que plus ardents à le presser de leur raconter quelques traits de la vie de son bienfaiteur. Alors Iwan leur remit un manuscrit écrit par lui-même, et dont la lecture qu'ils firent, en présence d'Orithie et de son père, les intéressa d'autant plus vivement, qu'Iwan, pour rendre son récit plus digne de son objet, avait su y mêler quelques fragments des Mémoires inédits de M. de Richelieu, où cet homme célèbre laisse échapper les perfections de son âme à travers la noble simplicité avec laquelle ils sont écrits.............. .... Ici le comte d'Orsey s'interrompit encore, comme pour nous laisser le temps de lui montrer le regret de ne point voir le manuscrit; je devinai sa pensée, et me hâtant de le souhaiter, il me répondit l'avoir dans son porte-feuille, et me promit de me le confier.

Comme le jour touchait à sa fin, nous rentrâmes dans le couvent après nous être promis de nous réunir le lendemain dans le même endroit. Je passai une partie de la nuit à transcrire le manuscrit que m'avait remis le comte; mais je ne savais alors assez admirer le courage brillant et les vertus guerrières dont M. de Richelieu illustra sa jeunesse. Maintenant que le temps et l'expérience m'ont appris à ne placer mon admiration que sur les qualités qui sont utiles aux hommes, je me souviens, avec d'autant plus d'attendrissement, de tout ce qu'il fit pour le bonheur de ses contemporains, que son désintéressement et sa modestie égalèrent ses bienfaits.

Le jour suivant, dès le lever de l'aurore, nous nous rassemblâmes comme la veille, et assis sur des tronçons de colonnes, à travers les débris du temple d'Oreste, nous attendions le comte avec impatience pour entendre la suite des aventures d'Haslam-Ghéraï. Un des religieux vint nous prier de sa part, de le dispenser jusqu'au lendemain de continuer son récit, à cause d'une légère indisposition qui le forçait de garder sa chambre.............. Mes amis me demandèrent alors de leur communiquer le manuscrit que j'avais copié la veille : je me hâtai de l'aller chercher, et je lus ce qui suit.

MANUSCRIT D'IWAN.

Too early seen un known, and known too late.

Shakespear.

Sic vita erat : facilè omnes perferre ac pati.
Cum quibus erat cumque una, iis sese dedere,
Eorum obsequi studiis, adversus nemini,
Numquam præponens se aliis. Ita facillimè
Sine invidiâ invenias laudem, et amicos pares.

Ter. andr. act. i *sc.* 1.. 35.

Maintenant laissez-moi, dans l'ombre et le mystère,
Pleurer les doux avis dont l'espoir m'animait,
L'accueil accoutumé, la voix qui m'était chère
Et le cœur qui m'aimait.

Madame Am. Tastu.

Le nom de Duplessis de Richelieu était un des plus grands parmi les maisons historiques de l'Europe, avant même que le cardinal lui eût acquis une gloire immortelle ; et personne ne doute maintenant, que ce ne fut au génie de ce grand homme, que la France dut le siècle brillant de Louis XIV, dont il prépara l'éclat par sa profonde politique ; la fermeté de son administration, les encouragements accordés aux lettres et aux écrivains qui acquirent depuis une si haute célébrité.

Mon illustre bienfaiteur, connu d'abord sous

le titre de duc de Chinon (*a*), naquit en 1766 ;
son père, le duc de Fronsac, était fils de ce maréchal fameux qui obtint toutes les renommées,
et dont la vie remplie de vertus, de travers et
de contrastes, pourrait servir de modèle à celui
qui voudrait peindre ce que le caractère français avait jadis de plus séduisant, de plus mauvais et de plus aimable.

Le jeune duc de Richelieu (*b*) fut reçu, à l'âge
de dix ans, au collége Duplessis, fondé par le
cardinal son grand-oncle, et il s'y fit remarquer,
non-seulement par d'éclatants succès, mais encore par cette facile bonté et cette élévation de
sentiments qui l'ont distingué depuis dans toutes
les positions. Son âme noble et pure rapprochait
de lui tout ce qui l'environnait ; uniquement
occupé des autres, il leur abandonnait tous les
moments qu'il pouvait dérober à l'étude, et les
journées étaient trop courtes pour qu'il songeât
à ce qui l'intéressait personnellement.

(*a*) Le fils aîné des ducs de Richelieu se nomme,
durant la vie du chef de la maison, duc de Fronsac,
et leur petit fils, par ordre de primogéniture, se nomme
duc de Chinon.

(*b*) Quoique M. de Richelieu ne prît le titre de duc
de Richelieu qu'après la mort de son père et celle de
son ayeul, nous le lui donnons d'abord, pour éviter la
confusion qu'occasionneraient des noms multipliés.

Je pourrais citer mille traits qui honorent son enfance; mais je n'en rappellerai que deux, dont la généreuse bonté est comme une révélation du reste de sa vie.

Ayant découvert parmi ses condisciples, un jeune homme de fort bonne maison, mais pauvre, qui paraissait souffrir de pénibles privations pour ne pas augmenter la gène de sa famille, le jeune duc se priva dès-lors de ces dépenses frivoles, si agréables durant le premier âge, afin de pouvoir donner à cet écolier les secours dont il avait besoin, et il ne les interrompit qu'à l'époque où le jeune homme put embrasser une carrière qu'il a depuis honorée par des talents et des vertus. Cette action est d'autant plus louable dans un enfant, que M. de Richelieu a mis tant de soin à la cacher, qu'elle serait demeurée inconnue, si celui qui en fut l'objet ne s'était plu à la publier.

Ses condisciples lui proposèrent un jour d'entrer dans un de ces complots assez communs dans les colléges, et dont l'effet est d'obtenir, par la mutinerie, une diminution de travail ou des vacances. « J'ai pour maxime, leur répondit le duc, d'entrer dans les intérêts de mes amis et non pas dans leurs travers, et c'est me faire une insulte, que de me proposer ce que je sais être contraire à mon devoir. » Cette réponse toucha les écoliers, qui allèrent s'accuser eux-mêmes auprès de leurs régents, afin de faire valoir la sagesse de leur vertueux ami.

Le jeune Richelieu entra dans le monde précédé de la meilleure réputation, et à cette époque où la corruption et l'impiété semblaient être un titre à des suffrages ardemment désirés, il se fit admirer par une régularité d'autant plus méritoire, que les agréments de sa personne et le nom de Richelieu (*a*), la rendaient encore plus remarquable.

Le maréchal, que Voltaire appelait son *héros*, présenta son petit-fils à ce grand poète, lorsqu'il vint à Paris recevoir les hommages universels (*b*), et bien que le jeune duc sortit à peine de l'enfance, Voltaire devina son avenir, et prédit qu'il effacerait un jour la gloire du vainqueur de Mahon.

Inaccessible aux séductions de l'orgueil, Ri-

(*a*) On se souvient encore de l'espèce de célébrité que la vie licencieuse du maréchal avait imprimée sur le nom de Richelieu.

(*b*) Aussitot après son arrivée à Paris, Voltaire écrivit au maréchal ce billet remarquable par son tour et sa familiarité...... *Je vous attends avec l'inquiétude d'un « vieillard qui n'a pas un moment à perdre, et l'impa- « tience d'une jeune fille pressée d'embrasser son amant.* »

4

chelieu avait un cœur sensible et un esprit juste qui le rendaient modeste et vrai : aussi loin d'être touché de cet éloge qui lui sembla être une flatterie, il en conçut contre le cour-tisan philosophe une prévention que le temps n'a point affaiblie, et qui, à quelques égards, est mêlée, peut-être, d'un peu d'injustice ; car si l'on peut reprocher à Voltaire de s'être armé, contre la vérité, de toute la force de son génie, et d'avoir ébranlé tous les principes sous le spécieux prétexte de combattre de vieilles er-reurs ou des superstitions dangereuses, on doit aussi convenir que nul homme n'a opéré de plus utiles changements dans les habitudes et les mœurs de son siècle ; et c'est à ses généreux efforts que le monde a dû la chute de cet ef-frayant colosse, autour duquel le despotisme, l'ignorance et les préjugés s'étaient réfugiés depuis long-temps, comme dans un asile impé-nétrable aux lumières de l'esprit humain.

La société de Paris offrait à cette époque la réunion de ce qu'il y a de plus profond et de plus léger ; c'était une école d'urbanité où la jeunesse française s'exerçait à toucher par la grâce et à convaincre par la raison, préludant ainsi aux nobles efforts que déjà l'avenir sem-blait lui promettre. Toutes les distinctions so-

ciales y étaient oubliées en faveur des supério-
rités intellectuelles ; les plus grands seigneurs
descendant de leur rang, paraissaient attacher
plus de prix à leur esprit qu'à leur naissance ; et
les gens de lettres, ennoblis à leurs propres yeux
par l'estime qu'on accordait à leurs talents,
acquéraient cette gaîté piquante et cette politesse de bon goût qu'on ne rencontrait autrefois que dans la première classe de la société.
Nulle recherche dans les sentiments, nulle
affectation dans les idées ne nuisaient au naturel et à la simplicité, qui sont les qualités
premières de l'art de causer, dont les Français
offraient alors le plus parfait modèle, et qui
était moins le résultat du caractère national que
celui d'institutions qui leur imposaient le besoin
de plaire pour obtenir les regards du pouvoir.

Aussi avons-nous vu que, depuis l'adoption
d'une forme de gouvernement plus conforme
à la raison et aux lumières, les hommes qui
ont exercé le plus d'ascendant parmi les Français, ont cru devoir défendre leur autorité par
un mérite indépendant et personnel, plutôt que
par de la grâce dans les manières, de la délicatesse dans la louange ou de l'esprit dans l'épi-
gramme. La tyrannie qui a si long-temps pesé
sur la France, a appris à ceux qui siégent dans

ses conseils, à n'avoir peur que de ce qui est vraiment redoutable; et le ridicule n'étant plus une puissance, la crainte d'un bon mot ne paralyse plus aujourd'hui l'énergie de leurs actions, parce qu'ils savent que si elles portent en effet l'empreinte du génie, l'approbation nationale, indépendante de celle des courtisans, les fait triompher d'une plaisanterie, qui jadis était une arme à laquelle on pouvait d'autant moins résister, qu'en frappant, elle découvrait aussi l'insuffisance et la nullité qu'avait cachées jusque-là la faveur du monarque.

C'était chez la princesse de Beauveau, chez Madame Necker ou dans d'autres maisons également distinguées que se réunissait ordinairement la société, et parmi l'élite des nobles de tous les pays et des gens de lettres les plus célèbres, se faisait remarquer au premier rang, l'illustre Malsherbes, revêtu d'une véritable autorité par le seul ascendant de sa vertu, et tellement vénéré, qu'il suffisait de ses louanges pour récompenser le mérite, ou de l'espérance de les obtenir pour l'encourager et le faire naître. Le comte de Choiseul-Gouffier, aussi profond observateur que distingué par les agrémens de son esprit et les rares qualités de son âme. Le chevaliér de Boufflers, favori des

Muses; Rochambeau; Mathieu de Montmo-
cency et les deux Lameth, défenseurs courageux de la liberté et souvent persécutés pour
elle; d'Alembert, La Harpe, Champfort, Ray-
nal, Duclos, Marmontel; le comte de Ségur,
historien et poète; Rivarol; le prince de Lygne,
cosmopolite aimable, recherchant la faveur et
supportant la disgrâce sans jamais renoncer au
plaisir; l'éloquent Laly, le duc de Brancas,
renommé par sa singularité, son enthousiasme
et ses galanteries l'abbé Barthelemy, Delille
Morellet et Gagliany, ce conteur plein de charme
par la rapidité de son esprit et la finesse de ses
aperçus; le prince de Beauveau; le duc de Ni-
vernais, que son goût et sa supériorité mettent
au-dessus de tout éloge; l'abbé Maury, si grand
à une époque fameuse et maintenant avili par
l'avarice et la soif des honneurs; l'infortuné duc
de Biron, chevaleresque et confiant, qui ne vit
d'abord, dans la révolution dont il fut la victime, qu'une réforme utile et nécessaire; le vertueux duc de Liancourt, Clermont-Tonnerre, et
l'abbé de Périgord, aujourd'hui prince de Bé
névent, qui annonçait déjà ces vues profonde,
qui l'ont rendu depuis l'arbitre de l'Europe:
et afin que rien ne manquât à une telle société
les femmes les plus illustres par leur naissanc,

leur esprit et leur beauté venaient en augmenter le charme.

C'est dans ces brillantes réunions que le duc de Richelieu fut d'abord introduit : modeste et retenu comme il convient de l'être à un jeune homme qui veut se perfectionner, il entendait en silence analyser et discuter toutes les opinions, approfondir les grands intérêts de l'ordre social ; il observait avec défiance cet esprit de liberté qui se montrait à découvert dans toutes les classes, et dont l'apparition devait, en éclairant le monde, l'ébranler jusque dans ses fondemens.

Peut-être dès-lors la révolution se serait-elle opérée sans commotion, si les chefs du gouvernement, au lieu de mettre l'exercice du pouvoir, comme la religion, au-dessus du raisonnement, en le faisant envisager comme immuable, avaient consenti à transiger avec l'esprit du siècle ; mais ils adoptèrent un despotisme d'opinions qui força à les examiner, et c'est ébranler l'ordre établi que de contester son organisation. Tandis que les ministres défendaient la maxime du *bon plaisir* comme un article de foi, ils la compromettaient par la guerre d'Amérique, qui décida la question en faveur des adversaires du droit divin.

Il n'est personne assurément qui ne dût, même à cette époque, faire des vœux pour les Américains ; mais la monarchie affaiblit l'autorité de ses principes en favorisant ouvertement un peuple qui mettait ses droits au dessus du pouvoir royal, et qui devait, en conséquence de ces mêmes principes, être considéré comme en état de révolte. Aujourd'hui que ces vieilles doctrines n'occupent plus les esprits raisonnables que pour servir à indiquer le point de départ des lumières actuelles, on conçoit difficilement qu'il pût y avoir deux opinions à cet égard ; cependant elles existaient d'une manière très-prononcée ; et bien que le duc de Richelieu désirât ardemment le triomphe de l'indépendance, il crut, par respect pour les institutions de son pays, ne devoir pas y contribuer.

Il venait d'épouser à cette époque mademoiselle de Rochechouart, dont le nom rappelle tous les genres d'illustration et que ses vertus personnelles environnent de tous les hommages. Immédiatement après la célébration de son mariage, le duc de Richelieu partit pour l'Italie ; mais il n'entreprit pas ce voyage comme ceux qui n'en retirent d'autres fruits que le plaisir de changer de lieux et de tromper ainsi l'ennui de leur existence ; il voulut, en parcourant cette contrée célèbre, pénétrer jusque dans l'antiquité, afin d'apprendre ce que les livres seuls ne peuvent enseigner ; car il ne suffit point de lire l'histoire pour connaître parfaitement les anciens peuples, il faut visiter le théâtre de leur gloire et interroger, pour ainsi dire, les lieux remplis encore de leur souvenir. Là des traces obscures en apparence, échappées au vulgaire, peuvent recéler, pour l'observateur, des témoignages qui aident à comprendre les institutions, les lois et les usages ensevelis dans la poussière des siècles.

Presque au début de son voyage, le duc de Richelieu eut occasion de faire une observation physique, peut-être nouvelle, et qui est, pour la science, d'un véritable intérêt. Après avoir suivi le côté Suisse du lac de Genève, salué les murs de Clarens, de Vevay, de Meillerie, immortalisés par Rousseau, il entra dans le bas Vallais, et pendant qu'il en admirait la richesse et la beauté, il fut surpris par un orage qui le força de se réfugier dans une grange abandonnée, où s'étaient également abrités des chevriers avec leurs troupeaux. Au moment où l'orage était dans sa plus grande force, que des torrents de pluie inondaient la vallée, il vit tout-à-coup toutes les chèvres sortir précipitamment de la grange, suivies de leurs conducteurs, et s'aller mettre en rase campagne ; il réfléchissait à cette singularité, lorsqu'un vieux pasteur le vint pousser rudement en le forçant de sortir avec lui. Ils avaient à peine traversé le seuil de la porte que l'orage éclatant aussitôt, tomba sur la grange qu'il réduisit en cendres ; deux chiens et une vache qui y étaient demeurés furent également consumés ; et il se convainquit alors, que les chèvres averties par l'instinct du danger dont elles étoient menacées, s'y étaient dérobées par la fuite. Les pasteurs qu'il interrogea lui répondirent que lors d'un orage ils se laissaient conduire par leurs chèvres qui, pressentant les lieux sur lesquels la foudre devait tomber, ne se réfugiaient jamais que sous des arbres, à l'abri de l'explosion.

La route du Simplon, ce monument admirable de la persévérance d'un grand homme, n'était point faite lorsque le duc de Richelieu traversa les Alpes ; ce fut au milieu des dangers d'une nature terrible, et d'un sol déchiré par les torrents, qu'il franchit l'effroyable galerie du Schalbet.

En arrivant sur les bords enchantés du lac majeur, où *la terre*, selon l'expression d'Homère, *semble sourire*, il voulut d'abord visiter la ville rendue célèbre par la naissance d'un héros de l'humanité. Saint Charles-Borromée, législateur, pontife et bienfaiteur des Milanais, est né à Arona, et c'est là, que la reconnaissance nationale lui a élevé une statue en bronze, de soixante-six pieds, sur un piédestal qui en a quarante-six.

Ce colosse est d'assez mauvais goût; mais les vertus dont il est destiné à perpétuer le souvenir sont si éclatantes, qu'on le voit encore avec une religieuse émotion. Le saint Archevêque est représenté au moment où la peste de 1576 ravageant le Milanais, il se dévoua au salut des pestiférés, en les soignant lui-même, malgré tous les dangers et les instances d'un peuple attendri de tant d'héroïsme. Quand la contagion eut cessé dans sa ville épiscopale, il porta son zèle partout, dans le reste du diocèse, où régna ce terrible fléau; et comme la maladie avait augmenté le nombre des pauvres, le cardinal Borromée envoya à la monnaie toute son argenterie, et celle de son église, pour être convertie en espèces, afin de leur être distribuées. Les tapisseries et les tapis qui ornaient son palais, le linge, les lits, tout fut partagé entre les pauvres et les hôpitaux, et il se réduisit lui-même à coucher sur la paille, ne dormant presque pas, mangeant dans les rues et à cheval pour ne point perdre de temps.

A quelque distance de la statue, on a construit une église où se trouve renfermée la chambre que Saint Charles habitait dans sa jeunesse ; les meubles à son usage y sont encore dans le même ordre, et le philosophe ainsi que le chrétien aiment à honorer , comme un monument vénérable , ces vestiges d'un pasteur, le modèle des évêques.

L'aspect délicieux des îles Borromées avait donné l'idée à Jean-Jacques d'y établir la scène de son roman ; mais il y trouva trop d'art pour ses personnages, et même pour le sujet de sa composition. Il y a véritablement dans la nouvelle Héloïse une mélancolie septentrionale et rêveuse qui éteint les sens ou les domine ; sur les bords du lac majeur, au contraire, ils y sont flattés d'une manière qui dirige les passions vers la volupté et éloigne de ce spiritualisme qui règne dans le livre de Rousseau.

Le duc de Richelieu s'y arrêta quelques jours, et après avoir visité tous les monumens que renferment les états de Milan, de Gènes (a)

(a) On sait que la république de Gènes, pour récompenser le maréchal de Richelieu des efforts qu'il avait fait en défendant la ville, lui érigea une statue, et ordonna que son nom serait inscrit sur la liste des familles Patriciennes.

de Parme et de Modène, il arriva à Florence, qui possédait alors la plupart des chefs-d'œuvres, dont une armée triomphante a depuis enrichi la capitale de la France.

L'architecture massive des maisons de Florence qui ressemblent à des forteresses, rappèle les combats rendus par les Florentins pour défendre leur orageuse liberté contre les factions qui finirent par l'anéantir. En venant de Modène, on entre dans la ville par la rue Saint-Gallo, non loin de laquelle est la fameuse place *del Duomo*, ornée de la basilique de *santa Maria del fiore*, dont l'admirable coupole faisait le désespoir de Michel-Ange. Le *Campanile (a)*, le *tempio di S.-Giovani* (b) et une colonne destinée à rappeler un de ces miracles si communs en Italie, sont aussi sur cette place où s'agitaient

(a) Le *campanile*, ou beffroi, est une tour élevée de deux cent cinquante-deux pieds, incrustée de marbres précieux travaillés en bas-reliefs et en grouppes parfaitement sculptés. Cet édifice rassemble toutes les perfections de l'art; il date pourtant du treizième siècle et fut l'ouvrage d'un gardeur de troupeaux nommé Giotto, qui, sans autre maître que son génie, éleva à sa patrie un monument dont l'admirable beauté faisait dire à Charles-Quint, qu'il devrait être conservé dans un étui.

(b) Ou *baptistaire*. C'est là que sont les fameuses portes ornées de bas-reliefs (œuvres de Lorenzo-Ghiberti), tellement parfaits, que Michel-Ange disait, en parlant de ces portes, qu'elles étaient dignes de fermer le paradis.

les grands intérêts de la république lorsque les Florentins étaient libres.

Indépendamment des monuments des arts qui ont fait surnommer cette ville l'Athènes du moyen âge, elle a encore d'autres droits à l'intérêt par les souvenirs glorieux dont elle est remplie. C'est dans son sein que s'opéra le renouvellement des lettres, et elle se vante avec orgueil d'avoir produit les génies immortels qui ont fondé la littérature moderne.

Le monde était dans la barbarie quand Le Dante parut, et sa naissance créa, pour ainsi dire, les grands hommes qui ont illustré sa patrie. On lui reproche de traiter l'amour avec recherche dans son premier ouvrage (*les Canzonnes*) et de courir après l'esprit ; car le goût n'étant point encore formé il en manqua d'abord, mais il est partout étincelant de génie, et l'on en trouve la preuve dans sa *Divine Comédie*, œuvre sublime par le style, les connaissances de tous les genres, la profondeur et la philosophie. Quelques Italiens, entrainés par l'enthousiasme national, ont osé le placer au-dessus du chantre d'Achyle. Cependant quoiqu'il n'y ait aucune comparaison entre les fictions ingénieuses d'Homère et les croyances, objets des chants du poète Florentin, on peut

5

dire que l'un et l'autre, créateurs d'une machine poétique absolument nouvelle, se sont placés, chacun dans son genre, au premier rang des génies épiques.

Conduit par l'amour et par l'horreur de la tyrannie, c'est pour ainsi dire sous ces guides puissans que Le Dante apprend à pénétrer dans le séjour mystérieux qu'il décrit ; excité par les difficultés du sujet, enflammé par les beautés que lui-même fait naître, toutes les richesses de la poésie viennent se placer comme d'elles-mêmes dans son plan et en font une entreprise aussi neuve que hardie, d'autant plus admirable que la rapidité et la force du pinceau égalent l'audace du dessein.

Après Le Dante naquirent à Florence, ou dans les environs, le divin Pétrarque, dont la muse aussi chaste que brillante fut inspirée par le triple enthousiasme de la liberté, de la gloire et de l'amour ; Bocace, créateur de la prose italienne et qui posa des bornes à l'art de conter ; Machiavel, dont l'intrépide génie osa pénétrer dans les terribles secrets de la tyrannie pour soulever contre elle toutes les âmes généreuses ; Michel-Ange, Galilée et plusieurs autres forment le noble cortège que Florence s'enorgueillit d'avoir produit.

Quoiqu'Alfieri ne soit pas né dans la Toscane, il y a demeuré si long-temps que lui même
se comptait au nombre de ses enfants et croyait
ajouter, par cette affiliation, à la gloire d'un
peuple qui l'avait adopté. Il vivait encore quand
le duc de Richelieu voyageait en Italie, et l'empressement que mit ce jeune Français à le re-
chercher lui fut un hommage d'autant plus flat-
teur, que ce grand poète avait deviné combien
son goût et son jugement étaient au-dessus de
son âge.

Richelieu, de son côté, admirait avec enthousiasme ce génie extraordinaire formé par
la seule force de sa volonté, et ne devant presque
rien à la nature qu'il sut dompter au point de
mériter le surnom glorieux de *Sophocle italien*.
Il convenait cependant qu'Alfieri semble quelquefois ne recevoir ses plus belles inspirations
que de l'orgueil ou de la vengeance : et lorsqu'il
combat la tyrannie sous la pourpre, ou sous le
bonnet rouge, c'est uniquement parce que l'une
blessait la supériorité qu'il s'attribuait, et qu'il
avait subi des injustices ou des outrages de la
part de l'autre. Néanmoins quels qu'aient été
les motifs qui ont dicté sa *Tyrannide*, et ses
drames républicains, l'Italie lui doit d'éternels
hommages pour avoir été l'un de ses écrivains

qui n'ont pas craint de faire retentir chez cette nation, trop sévèrement jugée, des vérités courageuses, qui peut-être un jour l'aideront à briser ses chaînes.

Il est remarquable qu'à l'époque de sa plus grande gloire, Florence et les états voisins, à l'exemple des Grecs et des Romains, appelèrent toujours dans leurs conseils les hommes qui s'étaient distingués dans les lettres. Ces gouvernements ne pensaient pas comme ceux de nos jours (a), que l'imagination est un avantage exclusif, puisqu'on voit figurer des noms déjà célèbres parmi leurs premiers dignitaires. Un littérateur dont tout le mérite consiste à arranger des mots sans idées, ou dont les idées rétrogrades le mettent en opposition avec son siècle, est peu propre sans doute à diriger les affaires; mais les écrivains animés par la philosophie, source de toute lumière, pour qui le talent n'est que la faculté d'exprimer avec énergie la raison et la vérité, ceux-là peuvent s'élever aux hautes combinaisons de la politique bien plus facilement que ces calculateurs avides, ou ces légistes sans foi qui, suppléant à leur médiocrité par une audace présomptueuse, compromettent

(a) Excepté l'Angleterre.

souvent les fortunes publiques et la sureté des états.

Depuis que les Italiens gémissent sous le trible joug qui pèse sur leur malheureuse patrie, ils tournent leurs regards vers le temps où elle était gouvernée par de petites républiques, et ils le regrettent comme une époque de liberté. Cependant ces états mirent toujours plus de soin à défendre l'indépendance nationale que les droits de chacun ; ils repoussaient avec énergie les empereurs qui voulaient les asservir, et les papes qui prétendaient les dominer ; mais la liberté individuelle n'y fut jamais garantie. Le même corps de magistrature réunissant les trois pouvoirs qui doivent être distincts dans un état bien constitué, l'action du despotisme s'y faisait ressentir, quoique d'ailleurs nulle marque extérieure ne l'indiquât, et le peuple se croyait libre, parce qu'il contribuait à l'élection de ses tyrans ; car les chaînes que l'on se donne paraissent toujours plus légères que celles qui sont imposées.

Les Toscans perdirent tous leurs droits lorsque les Médicis furent élevés à la suprême puissance, et depuis cette époque ce peuple a été constamment accablé par tous les genres d'oppression ; le règne de Léopold fut un adoucis-

5*

sement à tant de maux, mais sa courte durée n'a eu d'autre résultat pour la Toscane, que de lui avoir fait entrevoir le bonheur ; elle est ensuite retombée sous le joug, que les armées françaises ont enfin brisé (a).

On assure que Léopold avait le projet d'établir dans ses états un gouvernement représentatif, et que les réformes qui signalèrent son règne n'étaient qu'une préparation à cet œuvre de sagesse ; mais on lui reproche d'avoir voulu porter la réformation jusque dans l'Eglise même, et d'avoir mis, à réaliser son projet, une véhémence dont l'objet pouvait être louable, mais qui secondait trop bien la ruse de l'hypocrisie pour ne pas lui faire perdre le fruit de ses soins.

Le mérite personnel du jeune duc aurait suffi

(a) Il faut cependant convenir que de tous les gouvernements de la malheureuse Italie où depuis 1815 l'Autriche fait peser son joug de fer, celui de la Toscane est le plus supportable par les vertus personnelles de son auguste chef; il est absolu, mais paternel; et l'influence du grand Léopold s'y fait ressentir encore. La liberté de la presse y existe de fait; on y lit publiquement les journaux anglais ou français, de toutes les opinions; la tolérance, la justice et la modération présid.nt à tous les actes de l'autorité. Les moines de tous les ordres y sont *tolérés*, excepté les jésuites qui n'ont pas encore pu obtenir la permission de s'y établir même furtivement; le peuple enfin y est soumis et paisible, parce qu'il n'est pas environné, comme dans le reste de l'Italie, des gibets du despotisme auprès de ce prince, alors même que le sang de Lorraine (*a*), dont s'honore la maison de Richelieu, ne lui aurait pas déjà assuré la faveur du réformateur de la Toscane : aussi Léopold le reçut-il avec cette noble familiarité que sa brillante renommée rendait encore plus flatteuse.

Mais celui dont l'accueil toucha le plus vivement l'âme sensible du noble voyageur, ce fut le dernier des Stuarts. Le vainqueur de Preston-Pans (18) vivait encore, et après avoir été chassé de France par le gouvernement de Louis XV, errant de contrée en contrée, il n'avait trouvé d'asile en Europe qu'auprès du grand-duc de Toscane. L'Italie, ce tombeau de tant d'empires, devrait en effet être le refuge des princes malheureux : sur une terre couverte de si augustes débris et foulée par des rois traînés au char d'un triomphateur, ils pourraient apprendre à se résigner en voyant combien ont été vaines la gloire et la puissance.

Le maréchal de Richelieu opinant dans les

(*a*) Le maréchal de Richelieu avait épousé mademoiselle de Guise, princesse de Lorraine, de laquelle il eut le duc de Fronsac, mort le 8 août 1789, et père du dernier duc de Richelieu. Le duc de Fronsac était aïeul du jeune duc de Richelieu actuel, qui voyage maintenant (1826) dans la Terre-Sainte.

conseils de Louis XV, avait, en 1745, déterminé l'expédition d'Ecosse dont le commandement lui fut donné ; et il est probable qu'Edouard n'aurait pas été défait à Culloden, si au lieu de seconder l'ardeur chevaleresque du maréchal, le cabinet de Versailles n'avait pas trahi ses promesses. En voyant le duc de Richelieu, le royal exilé se souvint de tout ce qu'il devait à son aïeul, et ce ne fut, hélas ! qu'en l'admettant dans son intimité qu'il put acquitter la dette de la reconnaissance.

Alfieri a laissé échapper dans l'histoire de sa vie des préventions contre le comte d'Albany (a), que l'on pourrait appeler généreuses puisqu'elles n'étaient point personnelles ; néanmoins, quoiqu'on reproche au prétendant d'avoir flétri son brillant courage par une légèreté qui semblait insulter à la mort glorieuse de ses partisans, il conserva toujours la dignité du malheur en méritant le respect de ses ennemis même.

Quant aux détails que l'auteur de Myrra nous a laissés de la conduite privée de ce prince, Alfieri était son rival (b), et son rival préféré ;

(a) Le prince Edouard en se retirant à Florence, avait pris le nom de *comte d'Albany*.

(b) Après la mort du prétendant, arrivée en 1789, Louise, princesse de Stolgberg, comtesse d'Albany, sa veuve, épousa par un mariage secret, le comte Alfieri ; elle est morte à Florence le 30 janvier 1824.

et l'on sait que l'amour heureux impose souvent les injustices qui dominent le cœur qu'on a soumis. D'ailleurs, Edouard avait trente-deux ans de plus que son auguste compagne ; il était malheureux, et il est bien difficile alors de n'avoir pas des torts imaginaires ou réels.

Cependant le fruit que le prétendant avait retiré des malheurs de sa famille doit affaiblir en quelque sorte les allégations d'Alfieri, car il jugeait le règne de son aïeul avec une franchise qui s'allie difficilement au caractère avili que lui prêtait le poète. Encouragé par la noble familiarité de ses manières, le duc de Richelieu osa l'interroger sur les causes de la révolution de 1688, et le comte d'Albany ne balança pas à l'attribuer autant aux empiétements de la théocratie qu'à la stupide tyrannie de Jacques II.

—Après avoir signalé sa jeunesse par une conduite peu réglée, répondit le prince Edouard, mon aïeul crut en racheter les écarts par des pratiques monacales, au lieu de se montrer fidèle aux devoirs de la royauté et aux promesses solennelles qui le constituaient le premier gardien des libertés publiques. Sans respect pour un siècle éclairé, il toucha les écrouelles, voulut s'affilier aux Jésuites, allait consulter une religieuse espèce de Sybille (*a*) vendue à ces moines intrigants, et dont les prétendues révélations étaient arrangées de manière à lui persuader, qu'il était désigné par le ciel pour rétablir l'ancienne religion et le pouvoir absolu. Poursuivant sans relâche ce projet insensé, il s'irritait de toutes les résistances légales, et s'abandonna à une sévérité en même temps cruelle et mesquine qui, après l'avoir rendu ridicule, acheva de lui aliéner les cœurs de ses sujets. Il avait un entêtement digne de pitié, puisqu'il tenait moins à son caractère qu'à la conviction intime de la mission extraordinaire dont il se croyait chargé. Aussi incapable de céder à la raison que de tolérer les plus respectueuses contradictions, il punit comme une révolte la noble indépendance des universités d'Oxford et de Cambridge, destitua ceux de leurs membres qui ne voulurent pas céder aux caprices du jésuite *Peters*, et fit mettre en jugement six prélats de l'église anglicane, dont tout le crime consistait à lui avoir adressé une humble supplique contre une mesure qui blessait les lois fondamentales de l'état (*b*). Cette absurde sévérité, loin de

(*a*) Voyez l'histoire des Stuarts, par Hume, page 441.

(*b*) On établit devant le tribunal, *dit Hume dans son histoire des Stuarts,* que la loi permettait aux sujets, nuire aux hommes courageux qui en furent les victimes, les environna d'une faveur dont le peuple entier se montra jaloux de leur donner des marques. De riches souscriptions dédommagèrent les professeurs de la perte de leurs places, et les évêques excitèrent un enthousiasme universel par la modestie avec laquelle ils exhortaient leurs admirateurs à respecter, dans le Roi, jusqu'à ses injustices.

Lorsque les prélats comparurent devant le tribunal, vingt-neuf pairs séculiers formèrent leur cortège jusqu'à Wesminster. Les cris de joie qui suivirent leur absolution et qui se firent entendre jusque dans l'armée, auraient dû éclairer mon aïeul ; mais le vœu national n'exerce point d'influence sur un prince qui se prétend l'instrument immédiat des volontés divines. Soutenu dans sa pensée par un pouvoir surnaturel, il croit lutter contre l'impiété en résistant à la raison, dédaigne les alarmes de la fidélité courageuse, et cède aveuglément à cet esprit de

lorsqu'ils se croyaient blessés sur quelque point grave, de s'adresser au roi par une pétition....... Que jamais on n'avait regardé comme une violation du devoir dans les sujets, d'exposer *sans être expressément consultés*, leur sentiment sur les affaires publiques auxquelles tout citoyen était si sensiblement intéressé......

Tome 6, page 263, etc.

vertige qui précède le bouleversement des empires (a). —

Le duc de Richelieu écoutait en silence ce monarque déchu, avouant avec simplicité les fautes qui avaient brisé son trône ; il se rappelait les événements passés, et voyait entre les différentes époques de l'histoire des analogies qui effraient les moins clairvoyants, bien qu'elles échappent à ceux qui en sont l'objet; car la Providence enveloppe toujours ses desseins d'une profondeur sublime, quand elle a surtout résolu de punir les rois indignes de commander aux hommes, soit par leurs vices, soit par leur présomptueuse incapacité.

Les mœurs actuelles que l'on reproche aux Italiens doivent être attribuées aux vices de leurs institutions plutôt qu'au caractère national, car durant les jours de leur liberté les Toscans furent renommés par des vertus dignes des

(a) Dans la déclaration du prince d'Orange, lorsqu'il envahit l'Angleterre, où il fait le dénombrement de toutes les souffrances de la nation, on y remarque entre autres griefs imputés à Jacques II: — 1°. L'élévation *d'un jésuite* au conseil privé; 2°. Le papisme ouvertement protégé; 3°. Les chartes anéanties; 4°. L'élection des membres du parlement, soumise à des ordres arbitraires; 5°. Les plus modestes pétitions, et de la part des personnes du plus haut rang, traitées de criminelles et de séditieuses, etc., etc. *Hume, vol. 6, page* 297.

premiers âges. La peinture touchante que Le
Dante (a) nous a laissée des femmes de son
siècle, rappelle les mœurs domestiques des dames
romaines ; mais depuis le poète il s'est écoulé
bien des années, et le temps a modifié ce qu'a-
vait de remarquable, en Italie, cette honorable

(a)   Si stava in pace, sobria e pudica
Non avea catenella, non corona
    Non donne contigiate, non cintura
    Che fosse a veder più que la persona.
Non faceva, nascendo, ancor paura
    La figlia al padre, che'l tempo e la dote
    Non fuggian quinci e quindi la misura.
Non avea case di famiglia vote ;
    Non v'era giunto ancor sardanapalo
    A mostrar cio che'n camera si puote.
Non era vinto ancora montemolo
    Dal vostro uccellatojo, che, com'e vinto
    Nel montar su, così sara nel calo.
Bellincion berti vid'io andar cinto
    Di cuojo e d'osso, e venir dallo specchio
    La donna sua senza'l viso dipinto
E vidi quel de' nerli e quel del vecchio
    Esser contenti alla pelle scoverta
    E le sue donne al fuso ed al pennicchio.
O fortunate ! e ciascuna era certa.
    Della sua sepoltura ed ancor nulla
    Era per Francia nel letto deserta.
L'una vegghiava a studio della culla,
    E consolando usava l'idioma
    Che pria li padri e le madre trastulla,
L'altra, traendo alla rocca la chioma,
    Favoleggiava con la sua famiglia
    De'trojani, e di fiesole, e di roma
Saria tenuta........etc., etc.

Del Paradiso, canto 15.

6

exception. L'amour n'y consiste pas, comme parmi nous, dans de douces émotions, il faut aux femmes de ces climats quelque chose de plus positif ; aussi les Italiens ont-ils moins de romans que les autres peuples, parce que ce genre de composition exigeant le développement des caractères et l'analyse des passions, ils manquent de cette espèce de sensibilité qui fait deviner les ruses du cœur, et à laquelle le génie même ne saurait suppléer.

Néanmoins, depuis la conquête des Français les mœurs des Italiennes se sont perfectionnées, leur (19) éducation n'étant plus confiée à des religieuses, mais bien à des femmes que leur vocation et leurs vertus appellent à l'enseignement ; les jeunes personnes se ressentent de la double autorité du précepte et de l'exemple.

En partant pour Rome, le duc de Richelieu se détourna de la route pour visiter le tombeau du consul Flaminius (a) et le lac fameux (b) que

(a) A Crotonne, la *Corytum* des Romains.

(b) Le Trasymène, aujourd'hui lac de Pérouse ; voyez *Polybe*, hist. lib. 3, cap. 83. Tite-Live en parlant de la célèbre bataille qu'Annibal gagna sur les bords du Trasymène, s'exprime ainsi : Tantusque fuit ardor animorum, adeò intentus pugnæ animus, ut eum terræ motum qui multarum urbium Italiæ magnas partes prostravit avertit cuè cursu rapido amnes, mare fluminibus invexit, là gloire d'Annibal a immortalisés. L'Italie est, de tous les pays du monde, celui où l'enthousiasme peut être le plus souvent réveillé par des témoignages héroïques ; là où les beaux jours de la république n'ont pas gravé leurs vénérables traces, se trouve le souvenir des actions qui ont illustré le moyen âge ; à Pérouse, non loin du Trasymène, l'on voit encore le tombeau de Forte-Braccio qui, en 1416, se mit à la tête des Pérousains accablés de la tyrannie pontificale, marcha sur Rome, s'en empara, et obtint ainsi pour ses compatriotes la liberté qu'ils avaient conquise.

Spolette conserve avec orgueil la porte dite d'Annibal, parce que les habitants de la ville la fermèrent à ce général, et osèrent résister à son armée victorieuse ; les magnifiques restes du Clytumne, la vierge dite de *Folignio*, de Raphaël (*a*) ; les débris des temples de Jupiter-

montes lapsu ingenti proruit, nemo pugnantium senserit.

Tit. Liv. lib. 22, *cap.* 12.

La plaine où les Romains furent enveloppés et perdus, est traversée par un ruisseau appelé le *ruisseau de sang,* où fut le principal théâtre du carnage qui dura pendant six heures.

(*a*) Après avoir orné pendant quinze ans le musée de Paris, *la vierge de Folignio* a été enlevée par le traité de 1815, et elle est maintenant à Rome dans la galerie du Vatican.

Summus, de Mars et de la Concorde ; la cascade *del Marmore*, et la patrie de Tacite (*a*) ; l'antiquité „ enfin, se réunissant aux temps modernes pour exciter sur cette route l'admiration du voyageur, et le disposer, comme par degrés, à voir la ville éternelle.

La désolation qui l'environne est encore un des traits qui semblent révéler, au milieu de sa honte, sa grandeur passée : quelques arbres épars, des torrents desséchés, sont les seuls objets qu'on rencontre sur la campagne jadis ornée des somptueux palais de Lucullus, et où maintenant nul être vivant n'oserait séjourner, car la nature elle-même dédaigne d'y produire, et l'on dirait qu'elle porte le deuil des conquérants de l'univers.

En venant de Toscane, on entre à Rome par la voie Flaminienne et la porte du Peuple ; on suit la magnifique rue du Cours, bordée de temples ou de palais, et qui conduit à la place du Capitole par un bel escalier, construit sur les dessins de Michel-Ange.

Le jour de l'arrivée de M. de Richelieu, toute la population romaine s'était réunie sur le mont Capitolin pour assister au couronnement de la

(*a*) Tacite est né à Terni, dans une maison dont on voit les ruines près de la cascade.

célèbre Corilla (20), que l'on croit être le personnage qui a fourni à madame de Staël l'idée première de son beau roman sur l'Italie.

Le duc se rendit au palais sénatorial pour entendre cette fameuse improvisatrice qui s'était acquis une si grande renommée par son talent de rimer, et il se convainquit que les succès des improvisateurs italiens tiennent plus à la pompe des mots si abondante dans leur langue, qu'à la manière dont ils traitent le sujet : des paroles harmonieuses, mais dépourvues de pensées, composent uniquement leur poésies, et si on pouvait lire les improvisations les plus applaudies, on s'étonnerait fort de les avoir admirées.

La citadelle imposante du haut de laquelle Rome commandait à toute la terre n'existe plus; cependant on voit encore la roche Tarpeïenne, cette *Leucade* politique qui rappelle de si horribles souvenirs. On chercherait inutilement la place où furent les maisons de Romulus, de Tatius, et de Manlius (a), sauveur du Capitole,

(a) Ces trois maisons étaient sur le Capitole. Celle de Manlius Capitolinus y fut bâtie aux frais de l'état, en récompense de ce qu'éveillé au cris des oies il avait chassé les premiers Gaulois qui escaladaient les remparts, et donné l'alarme à la garnison; la même sentence qui condamna Manlius, ordonna que sa maison serait rasée et que jamais on n'y en bâtirait d'autres.

que ses concitoyens rendirent ensuite un exemple terrible de leur barbare ingratitude ; mais l'on peut visiter sur le mont Aventin, non loin des temples de Vesta et de la Fortune virile, la maison de Rienzi (21), qui, par ses efforts pour le rétablissement de la liberté, s'éleva, dans le quatorzième siècle, à la suprême grandeur, et se perdit ensuite dans les intrigues du pouvoir absolu.

L'Europe offre maintenant l'exemple d'un soldat également sorti d'un rang vulgaire, et porté par son génie sur le premier trône du monde ; s'il savait respecter les droits des peuples, il lutterait avec honheur contre la ligue des rois ; mais assailli par son propre despotisme, il sera, comme le tribun de Rome, une preuve nouvelle que, pour se placer sans danger à la tête des nations, il faut suppléer aux prestiges des souvenirs historiques par les vertus qui commandent la reconnaissance et l'admiration des hommes.

Tout entier à l'enthousiasme que lui inspiraient les monuments des arts, et ceux de l'antiquité, le duc de Richelieu visitait tous les jours les statues, les tableaux, les temples et les palais ; il allait sans cesse du Vatican à la basilique de Saint-Pierre, au Panthéon d'Agrippa, au

théâtre de Marcellus (*a*), aux thermes de Dioclé-
tien, autour de l'arc élevé par le Sénat et le
peuple Romain à la gloire du vainqueur de
Jérusalem : il s'arrêtoit souvent à ce merveilleux Colisée construit par les reste infortunés
d'une nation dispersée, et dont l'existence mira-
culeuse est un des plus éclatants témoignages
en faveur de la vérité révélée. Son imagination
mélancolique trouvait à se satisfaire au milieu
des ruines et des palais inhabités qui couvrent
la nouvelle Rome : les débris de ces pompeux
monuments lui semblaient animés par les
ombres illustres de ceux qui les élevèrent, et il
croyait y trouver quelqu'une de leurs traces, en
se rappelant les actions glorieuses qui honorent
leur vie. Mais il allait puiser des souvenirs au
Forum Romanum (22), théâtre de l'éternelle
gloire *du seul génie que le peuple romain ait*

(*a*) C'est sur l'emplacement occupé maintenant par
ce théâtre, qu'était le temple de la *Pitié*, qu'on avait érigé dans la prison des Décemvirs où eut lieu ce beau trait
d'amour filial connu sous le nom de *charité romaine*. Il
y avait encore un autre temple dédié à la *pitié* là où est
construite maintenant l'église de Saint-Nicolas, *in car-
cere*, et c'est cet emplacement que lord Byron a cru
être celui de la prison des Décemvirs; mais il se trompe:
Pline dit formellement qu'Auguste bâtit le théâtre de
Marcellus sur les ruines du temple de la Pitié, consacré
à perpétuer le souvenir de la charité romaine, lequel
avait remplacé la prison des Décemvirs.

eu égal à son empire (*a*). La tribune de laquelle Cicéron se faisait entendre n'existe plus ; mais les Cathilinaires et les Philippiques, bravant la barbarie du moyen âge, ont traversé les siècles, et seront admirées tant que les hommes sauront discerner la véritable éloquence.

S'il était une gloire dégagée de la vanité qui domine toutes les gloires humaines, ce serait sans contredit celle des lettres ; mais de combien d'illusions n'est-elle pas mêlée !.. Ordinairement disputée pendant la vie, souvent partagée avec des hommes méprisables, elle n'est solidement établie qu'après la mort, et elle livre toujours l'existence aux traits empoisonnés de la calomnie ou de la jalouse médiocrité.

C'est surtout dans l'église de Saint-Onuphre, près du tombeau de l'auteur immortel de *la Gerusalemme*, qu'on se trouve inspiré par ces tristes réflexions. Après avoir subi tous les caprices de la fortune, ce grand homme, le plus invinciblement doué, par la nature, du talent poétique, touchait au moment de recueillir la récompense de son génie, quand la mort vint tromper ses espérances ! Le duc de Richelieu

_____

(*a*) Illud ingenium quod solum populus Romanus par imperio suo habi it.

Senèq.

visitait souvent la cellule où il expira, et les marbres même de son tombeau lui rappelaient la fragilité des amitiés de la terre. Car on sait que le cardinal Cinthio, dont l'admiration pour Le Tasse s'était manifestée en faisant renouveler pour lui le triomphe du Capitole, et par la douleur inconsolable qu'il montra dans les premiers moments de sa mort, on sait, dis-je, qu'après avoir annoncé le projet de lui élever un superbe monument, ce cardinal, laissant affaiblir ses regrets, oublia son ami, et le tombeau fut érigé, dix ans après, par le cardinal Bevilaqua qui n'avait jamais connu le poète.

La statue de Pompée, au pied de laquelle le plus grand des Romains *fut justement immolé (a)*, existe encore telle qu'elle était dans le Sénat, le jour où le glorieux poignard de Brutus vengea la liberté violée. La tache qui se trouve près du genou droit de la statue, est regardée comme une goutte du sang du dictateur, dont la gloire incomparable a porté tous les siècles à déplorer plutôt qu'à maudire le fatal génie : car bien que la république, tourmentée de factions, fût à la veille de périr sous le poids de sa

____

(a) Jure cœsus existimetur.

Suét. vit. c. j. Cœsar.

puissance, l'on regrette que sa chute ait été
opérée par un homme d'autant plus admirable,
qu'il eut tous les vices, et pas un défaut; qui se
plaça, par la souplesse de son esprit, au premier
rang des grands capitaines, des orateurs, des
politiques, des historiens et des philosophes, et
à qui l'on pardonnerait presque son usurpation,
s'il était possible de ne pas haïr celui qui anéantit
les libertés publiques.

Non loin de la statue de Pompée, près des
thermes de Titus, se voit la place où étaient
situées les maisons de Virgile, d'Horace, de
Properce, et la fameuse tour d'où Néron, en
voyant brûler Rome, chantait sur sa lyre l'in-
cendie de Troyes; en descendant le mont Es-
quilin on entre dans la rue Suburra, qui a
remplacé la voie Scélérate où l'infâme Tulie
passa avec son char sur le cadavre de son père.
Ainsi dans ce court espace se trouvent réunis
les souvenirs du crime, de l'ambition et du génie;
mais le christianisme y a aussi gravé les siens,
comme pour reposer l'âme des émotions que
cause la vue de tant de cruels monuments.
C'est dans la rue attenant à la voie Scélérate
que l'on trouve la maison de Prudent, sénateur
romain, qui fut l'asile de saint Pierre et où il
fit ses premières prédications. Le pape Pie I

changea cette maison en une église sous l'invo-
cation de sainte Prudence. L'on y voit encore
l'autel où l'apôtre célébrait le divin sacrifice,
ainsi qu'un puits où le religieux sénateur et sa
fille recueillirent les corps de plus de trois mille
martyrs qui y sont ensevelis.

Le cardinal de Bernis, alors ambassadeur de
France près du Saint-Siége, voulut aller à Tivoli
avec le duc de Richelieu, qui a conservé de ce
voyage un souvenir plein d'intérêt. Ce devait
être en effet une conversation bien agréable que
celle du rival de Chaulieu (23), parcourant
la villa chantée par Horace, où Catule et l'A-
rioste ont long-temps demeuré, et indiquant à
son jeune compatriote les lieux illustrés par
Brutus (a) et Mécène. On voit encore à Tivoli
les restes du palais où ce ministre d'Auguste,
chargé d'honneurs et de richesses, vint terminer une existence dévorée par les ennuis du
pouvoir. La voix du poète qui s'est le mieux
joué de la vie, semble répéter encore sur les
bords de l'Anio ces paroles philosophiques par
lesquelles il engageait Mécène à dégager son
âme des soucis (b) de la grandeur ; mais les con-

(a) Brutus (Marcus Junius) avait une villa à Tivoli.
(b) .... quod adest, memento
Componere œquus : cœtera fluminis... etc., etc.
                        Hor. lib. 3, *od.* 23.

seils de la sagesse sont bien faibles sur un cœur épuisé de jouissances ou flétri par le malheur! et alors même que nous pourrions, comme Horace, *livrer au vent tous nos chagrins*, ceux d'un objet chéri viendraient nous apprendre encore qu'il n'est pas pour nous dans la vie de véritable bonheur.

La villa de Mécène renfermait dans son enceinte la fameuse cascade célébrée par le poète, le temple de Vesta, celui où la sibylle Tiburtine rendaient ses oracles, la grotte des Syrènes, celle de Neptune, et les petites cascades que forme l'Anio, après avoir servi aux fabriques de cuivre qui sont à Tivoli.

Derrière ces cascatelles on trouve la maison de Catule, maintenant occupée par des moines !... plus loin, au milieu d'un bois d'oliviers, les restes de la villa de Quintilius Varus, dont la fin tragique a fourni à Tacite l'une de ses plus belles pages. Par une idée touchante l'on a élevé une chapelle (*a*) sur les ruines du palais, comme si la religion, en associant son culte consolateur au souvenir de ce général vaincu par des barbares, voulait rappeler ainsi qu'elle est descen-

______

(*a*) Cette chapelle se nomme de la vierge de *Quintiliolo*.

due du ciel pour nous aider à porter plus facilement le poids de la vie.

Dans l'antiquité l'homme souffrant luttait seul
contre la douleur avec un courage stoïque qui
excitait l'admiration, mais non pas cette douce
commisération nécessaire à la sensibilité pour
adoucir ses blessures. Les anciens ne compre-
naient que les douleurs physiques, leur philoso-
phique dureté ne présentait que le désespoir (*a*)
à l'âme tourmentée de ses propres émotions;
mais le christianisme, en nous recommandant
la soumission, nous laisse cependant une résignation mêlée de plaintes et de mélancolie, qui
excite autour de nous l'attendrissement et la
pitié : aussi l'Évangile, qui a fait de l'amour
une vertu nouvelle, a-t-il donné au malheur
une sorte de dignité qui impose aux heureux de
la terre l'obligation de le soulager, ou au moins
celle de le plaindre.

Vers les Iles flottantes sont la forêt et les eaux
d'Albuée chantées par Virgile, ainsi que l'antre
dans lequel le dieu Faune donnait ses conseils
au roi Latinus. L'on y cherche, avec je ne sais
quelle émotion, les vestiges de la demeure où

(*a*) C'est pour cela que le suicide était si commun
à Rome et chez tous les peuples de l'antiquité.

Zénobie acheva les restes obscurs d'une vie glorieuse ; car cette reine, tant qu'elle fut sur le trône, l'honora par ses vertus et l'éclat de ses triomphes ; mais lorsqu'elle en fut précipitée, sa lâche délation la ravala au-dessous de ses malheurs, et l'équitable histoire la flétrit à jamais du mépris que méritent les rois infidèles à la reconnaissance et aux souvenirs glorieux de la patrie.

A deux milles de la Solfatarra l'on passe l'Anio sur le pont Lucano que le génie de Poussin a immortalisé, et le chemin qui le traverse conduit à la villa d'Adrien, monument somptueux de la grandeur romaine : c'est là que cet empereur rassembla les merveilles éparses dans les provinces de son empire. Le temple de Serapis, le Pœcile, l'Académie, les Enfers, les Champs-Élysées, la vallée de Tempé arrosée par le Penée, tout ce qui, dans l'univers, avait mérité une poétique célébrité était réuni dans ces lieux enchantés, d'autant plus fameux, qu'ils furent dévastés par le successeur d'Adrien. Quelques siècles après, par un vandalisme digne de cette époque de superstition, les belles statues qu'Adrien y avait rassemblées servirent, sous le pontificat de Martin V, à faire de la chaux.

En parcourant ces imitations du portique et

des jardins d'Academus, le duc de Richelieu croyait d'autant plus errer dans la véritable Athènes, que l'entretien du cardinal de Bernis était rempli de cette grâce que les traditions attribuent aux habitants de l'Attique, et qui semble avoir été recueillie par les Français.

C'est à l'entrée de Tivoli qu'est située la villa d'Est, moins connue par son ancienne magnificence que pour avoir été le lieu où l'Arioste composa ses *Divines Folies*. Tibur a la double gloire de conserver les traces des deux poëtes qui se ressemblent le plus, par l'impossibilité de les imiter ou de les traduire ; et ce fut dans ses riants vallons qu'Hyppolite d'Est, aussi magnifique que Mécène, accorda au génie une protection qui recommande son nom à la postérité.

Après avoir visité la fameuse Preneste (*a*) dont parle Virgile, et Frascati que les Tusculannes et Caton le Censeur préservent de l'oubli, le cardinal et le duc de Richelieu honorèrent

(*a*) La situation de Preneste est une des plus belles de l'Italie, et son origine est antérieure à la guerre de Troye, puisqu'elle fut bâtie, selon Virgile, par *Cœculus*, fils de Vulcain. Elle est d'une grande célébrité dans l'histoire romaine, et ce fut dans ses murs que le cruel Octave prononça, contre les habitans de Pérouse, le fameux *moriendum est*, parce qu'ils avaient pris parti pour Fulvie, mère de Claudie, sa femme répudiée.

le génie de Numa-Pompilius dans la grotte de la nymphe *Egérie*. On croit assez communément que le successeur de Romulus déguisa sous cette fiction ingénieuse le tendre hommage qu'il rendait à une beauté réelle, et cette opinion semblerait juste, puisqu'il est vrai que l'amour véritable est le premier des oracles, celui qui inspire les plus nobles actions et les plus belles pensées.

Ce fut sous ce délicieux ombrage que Numa recueillit dans le secret de la méditation les lois qui fondèrent la grandeur de Rome, et qu'il éprouva des transports sans nuages, sans doute, puisqu'il osa donner à celle qui les lui inspirait les attributs de l'immortalité ; car parmi les habitans de la terre, l'amour, s'il existe, n'est connu que de ses victimes; et en échange du culte qu'elles lui rendent, il livre leur vie aux plus cruelles douleurs. Quand deux âmes créées pour s'aimer ont su résister à l'épreuve du temps et dégager leurs sentiments du venin qui les émousse, alors pour les empêcher d'être heureuses, les préjugés, les convenances sociales et des devoirs sacrés viennent mêler leur puissance au charme d'une affection partagée, et la désenchanter par la crainte et le remords. Cependant, bien que l'amour ne soit qu'une fleur éphémère, environnée de ronces, chacun de nous court à sa recherche ; et quand le soir de la vie nous avertit qu'il est trop tard, notre existence dépouillée s'éteint alors dans les ennuis et le dégoût.

En rentrant à Rome par la voie Appienne, bordée de monuments funéraires, on trouve ceux de Servilie, de Cécilia-Matella et de la famille des Scipions : les *Columbarium* des esclaves d'Auguste et des affranchis de Livie précèdent la porte de Saint-Sébastien, auprès de laquelle sont les fameuses catacombes consacrées par les souvenirs de l'église naissante.

Quand on parcourt la campagne romaine, qu'on voit le fleuve orgueuilleux couler encore à travers ces vastes déserts de marbre, l'imagination trompée par de si augustes vestiges, nous transporte aux jours glorieux de la cité déchue. Mais en pénétrant dans son enceinte, et qu'à la place des antiques monuments écroulés de toute part on ne voit plus que des ruines abandonnées, des moines errant solitairement comme des ombres dans les lieux où campaient jadis les dominateurs du monde, que pour voir le Tibre, enfin, on est forcé de l'aller chercher relégué dans un coin de Rome, se cachant sous des masures, et s'appeler d'un nouveau nom (*a*), comme pour se dérober à la honte de survivre à sa gloire passée, alors tous les malheurs du peuple-roi se présentent en foule à la pensée ; on se représente la corruption des empereurs succéder aux trois cents triomphes ; les barbares saccager la ville de Scipion, la forcer, pour se soustraire à leur puissance, de se réfugier sous le joug sacerdotal et perpétuer ainsi sa dégradation politique ; car il est incontestable que le pouvoir temporel des papes et le choix qu'ils ont fait de Rome, pour être le siège de leur empire, sont les causes immédiates de l'asservissement de l'Italie, que des esprits prévenus attribuent pourtant au caractère dégénéré de ses habitants.

Cependant un pays qui a produit Le Dante (24), Gallilée, Machiavel, Veri, Longo, Beccaria, Alfieri et Filangieri, hommes supérieurs, dont l'indépendance égalait le génie, un tel pays est digne de recouvrer sa liberté ; et il saurait la conquérir de nouveau, si aussi heureux que l'Amérique, il voyait s'élever du milieu de ses ruines un autre Wasington, qui pût, aidé de sa vertu,

(*a*) Dans le siècle d'Évandre, lorsqu'Énée remonta ce fleuve alors inconnu, le Tibre, dit Tite-live, s'appelait *Albula* ; maintenant on le désigne sous le nom obscur de *Tevere*.

réunir autour de l'étendard sacré de la patrie tous les fils dignes d'elle, que recèle encore cette terre si fertile en grands hommes (a).

Les admirateurs des institutions vieillies ne sachant pas trop de quelle manière se justifier aux yeux de la raison, font ressource de tout en faveur de leur cause, et présentent comme un de ses plus beaux titres, les distributions de vivres que les moines de Rome faisaient tous les jours à la porte de leurs couvents ; mais cette libéralité très-respectable par l'intention, entraînait de graves abus, puisqu'elle perpétuait la mendicité, qui est en Italie la source de tous les crimes (b). Des hommes paresseux, pour qui ne rien faire est le suprême bonheur, assurés qu'ils étaient de trouver un repas à l'heure convenue, dédaignaient le travail ; et afin de remplir le vide de l'oisiveté, ils s'enrôlaient, pour la plupart, dans les bandes de brigands qui infestent ce beau pays. Il était même assez commun de voir le pape et le roi de Naples traiter avec les chefs de ces bandes et acheter, par l'impunité une tran-

(a) Salve, magna paréns frugum, saturnia tellus, Magna virum.............. *Georg. lib.* 2.

(b) Depuis 1815, le triomphe de la sainte-alliance a entraîné le rétablissement de cet abus et de toutes ses suites, comme le droit d'asile, etc.

quillité momentanée. Les Français ont corrigé ces abus en poursuivant le vagabondage et en frappant les criminels de toute la rigueur des lois (25) ; ils ont établi des dépôts de mendicité, où les pauvres en état de travailler apprennent à se rendre indépendants; les jeunes gens qui ne veulent pas y entrer se font soldats, et ceux dont l'âge ou les infirmités les empêchent d'être utiles sont reçus dans les hôpitaux. Aussi le régime Français, qu'une faction anti-sociale a voulu décrier, n'a-t-il pour ennemis en Italie, que les bateliers à Venise, les lazaronni à Naples, et à Rome les assassins et les voleurs.

La scène de désolation, que l'on voit en traversant les marais Pontins, jusqu'à Terracine (a), et même jusqu'à Itri (b), remplit l'âme d'une douleur ineffaçable. Avant d'arriver à Gaëte, le duc de Richelieu s'arrêta à la Tour ruinée, que l'affranchi de Cicéron éleva dans

(a) L'ancienne *Anxur*, où Horace lors de son voyage à Brindes fut joint par Mécène et Cocceius.

.... Atque subimus
Impositum saxis latè candentibus Anxur. *Sat. 5 lib.* 1.

(b) L'ancienne *Mamura*, où ils couchèrent et se reposèrent un jour.
In mamurrarum lassi deindè urbe manemus,
Muraenâ praebente domum, capitone culinam.

Id. sat. 5.

ce lieu, pour marquer la place où ce grand homme mourut assassiné.

L'allée couverte, dont parle Plutarque, sous laquelle l'orateur romain fut rencontré par les centurions, existe encore pour servir de monument éternel à l'ingratitude d'Octave. La tyrannie a gravé son horrible souvenir dans tous les lieux du monde; mais le saint nom de la liberté, semblable à la source d'eau vive qu'on rencontre dans le désert, ne se trouve qu'à de longues distances, comme pour délasser des traverses de la vie.

C'est à quelque distance de la *villa* de Cicéron, qu'Homère a placé l'entrevue d'Ulysse et de Circé. Cette terre, jusqu'à la pointe de la presqu'île, est véritablement un pays enchanté que l'histoire et la fable s'accordent également à signaler comme un séjour de délices. Virgile en a fait le théâtre des belles fictions de l'Énéide ; Horace y buvait le falerne, et le vainqueur de Cannes s'y laissa désarmer à son tour par les dangereux prestiges de la volupté.

La ville française d'Aversa précède la belle avenue par laquelle on entre à Naples. Avant d'arriver à cette cité fameuse, on s'arrête sur la hauteur dont elle est dominée, pour jouir de la perspective qu'elle offre aux regards étonnés.

Le ciel, brillant de toute sa splendeur, donne plus d'éclat encore à la magnificence de ce tableau, qui transporte l'imagination séduite dans les lieux décrits par les contes arabes. C'est toujours la *mitis*, l'*otiosa Parthenope*, et l'on doit y avoir vécu pour comprendre tout ce qu'à de suave, et en même temps de terrible, ce climat embaumé. Ses rivières sont des feux dévorants, ses pluies des cendres enflammées, le soleil donne la mort ; une éruption peut, d'un instant à l'autre, transformer ce beau pays en un abîme, ou élever sur l'abîme une haute montagne (*a*) ; cependant la rosée du matin, la fraîcheur du soir, le parfum des nuits, la réunion de tout ce que la nature peut offrir de plus énivrant, justifient l'ingénieuse allégorie par laquelle les poètes en ont fait la demeure des Syrènes.

Les rues de Naples, si l'on en excepte celle de Tolède et quelques autres, sont étroites et mal bâties, les fenêtres ont chacune un balcon formé d'une seule pierre qui, s'avançant d'une manière

____

(*a*) Le lac Lucrin fameux par ses huîtres, n'existe plus ; le 29 septembre 1538, après trois jours d'une fermentation épouventable, la montagne appelée maintenant *Monte-Nuovo*, sortit tout-à-coup du sein de ce lac ; et sur un autre point, le magnifique hôpital de la *Tripergala* ainsi que les maisons voisines furent engloutis dans l'abîme.

très-saillante, menace les passants. Le haut des maisons est flanqué de larges poutres qui traversent les rues pour soutenir les édifices, et les défendre ainsi, les uns par les autres, des secousses de tremblement de terre.

L'immense population de cette capitale, qui vit en quelque sorte sur les places publiques et au milieu des rues, lui donne un air de fête constamment renouvelé. Les traits prononcés des Napolitains, leur physionomie numide, la vivacité de leur regard, l'éclat de leurs voix, leur gaieté, l'expression de leurs gestes, la diversité de leurs costumes étonnent d'abord tous les étrangers ; mais quand on voit les cuisiniers et les artisans travailler devant leurs portes, les hommes et les femmes y faire leur toilette, des prédicateurs et des saltimbanques jouer chacun leur rôle au milieu des groupes les plus bigarrés, que la voix aigre des *lazaronni,* le bruit des voitures, des instruments et des cloches, vient se mêler aux sons harmonieux d'une musique céleste : on est véritablement fasciné, et l'on se croit transporté dans les mille et une nuits.

La belle Ausonnie possède maintement peu d'antiques monuments ; leurs ruines mêmes ont été enlevées pour construire des édifices nou-

(84)

veaux ; mais d'horribles souvenirs s'y conservent
encore. On reconnaît le lieu du naufrage d'A-
grippine, celui où elle se réfugia après avoir
échappé à la mort, et la tour de *Baula* où elle
périt enfin des mains d'Anicette. Ce bruit de
trompettes que la conscience de Néron s'était
créé pour l'épouvanter de son parricide, ne se
fait pas attendre ; mais on se rappelle avec admiration le mot sublime (*ventrem feri*) que
Tacite met dans la bouche de cette mère au
moment où les assassins, envoyés par son fils,
entrèrent dans son appartement.

En avançant dans la mer, vers le golfe de
Gaëte, est l'île Palmeria qui vit périr la veuve
infortunée de Germanicus sous les coups d'un
centurion ; plus loin l'île Ponse, où le fils aîné
de cette princesse mourut de frayeur, en apper-
cevant les instruments de la torture que Tibère
avait ordonné de lui faire subir.

En descendant du côté de Naples, en face du
tombeau d'Agrippine, est située l'île fameuse où
l'infâme successeur d'Auguste alla cacher (*a*)

(*a*) Capreas se insula abdidit.

Anal. lib. 4.

Suétone, en parlant de ce monstre, fait un tableau de
ses débauches, qu'on n'oserait pas reproduire dans nos
langues modernes, et cependant le sénat lui vota des re-
merciements comme il en avait voté jadis aux héros

ses crimes et sa honte. Le pont de Caligula n'existe plus, mais la mémoire des trois mille victimes que cet empereur fit précipiter dans la mer, pour compléter la fête, y demeure à jamais gravée en caractères de sang.

Quelques actions vertueuses illustrent cependant ces plages criminelles, et l'histoire semble les avoir recueillies, afin de nous prouver que partout où l'on rencontre de grandes infortunes, on y trouve aussi des femmes, comme des anges consolateurs, pour les adoucir ou les partager. C'est là que Cornélie déposa d'abord l'urne qui contenait les cendres du grand Pompée ; que la veuve de Brutus, privée d'instruments meurtriers, avala des charbons ardents pour ne point survivre à son mari, et tomber vivante au pouvoir d'Octave ; que Plancine, après la mort de Sénèque, se fit ouvrir les veines ; que Poliatia, ne pouvant pas sauver son père de l'injuste arrêt qui le condamnait à perdre la vie, voulut mourir avec lui ; c'est à Naples, enfin, qu'eut lieu l'interrogatoire de

sauveurs de la république, et pour faire ressortir la honte de ce corps dégénéré. *Suétone* ajoute qu'après la mort de *Tibère* le peuple romain brisa ses statues ; les somptueux palais qu'il avait construit à Caprée, furent saccagés, et il n'en reste maintenant d'autres vestiges que des grottes et quelques escaliers.

la touchante Servilie, immortalisée par le génie de Tacite (26).

Saint Pierre et saint Paul sont maintenant honorés dans le temple consacré jadis à Castor et Pollux, et un couvent de Théatins a remplacé le théâtre où Néron faisant l'histrion, récitait des vers de sa composition.

La basilique de saint Janvier a été construite sur les ruines du temple d'Apollon; mais au lieu du *carmen sœculare* qui, du temps d'Horace, en faisait retentir les voûtes, on n'y entend plus que les hurlements des *Bacchantes*, qui viennent applaudir au prétendu miracle. On regrette que le grand Pascal ait cru devoir le mettre au rang des preuves en faveur du christianisme, car l'Évangile descendu du ciel a conquis toute la terre sans autre force que sa divine origine, et il n'a pas besoin, pour défendre la vérité de ses dogmes, de recourir à des jongleries aussi coupables que ridicules, puisqu'elles donnent des armes à l'impiété (27).

Mais l'Italie, comme tous les pays où domine le monachisme, n'a d'autre religion qu'une idolâtrie sans morale, qui prescrit uniquement des formules et les substitue aux devoirs de la vie sociale. Aussi les hommes éclairés de ces contrées, croyant d'abord n'exercer la raison qu'à frapper de leur mépris ce qui est essentiellement faux, ont-ils fini par porter l'esprit d'examen sur les points dogmatiques ; et ne leur trouvant pas des titres suffisants pour justifier la foi reçue, ou plutôt confondant ces titres vénérables avec les mensonges intéressés qui avaient révolté leur droiture, ils s'égarent jusqu'à nier la vérité même ; et comme un changement dans les idées, semblable à toutes les révolutions, est toujours impérieux, la négation de ces hommes devient absolue, ils se croient appelés à réveiller l'intelligence de son engourdissement ; et loin de cacher leur scepticisme ils le propagent, mais en le couvrant de pratiques superstitieuses, afin d'échapper à ceux qui vivent du produit de ces odieux symboles, ou qui en font le fondement de leur pouvoir.

Tel est l'état du christianisme dans les lieux où la théocratie a étendu ses ravages ; mutilé par les moines, expliqué au profit de l'ambition et de la haine, il ne sert pas, selon les vues de son divin auteur, à éclairer l'esprit ou à purifier le cœur, mais bien à justifier le crime par l'hypocrisie, la bassesse pas le succès, et l'ignorance par la superstition ; de là, une irritation concentrée qui embrasse malheureusement dans son objet la vérité comme le mensonge, et qui rend les hommes indifférents sur tout , excepté sur leur intérêt.

Cet égoïsme sans croyance est d'autant plus affligeant, que malgré leurs déclamations apparentes contre l'*indifférence*, les apôtres de l'*autorité* l'appuient de leurs vœux en paraissant le combattre ; car il fonde la sécurité de leur domination , puisqu'il neutralise la seule force qui la pourrait affaiblir. Habiles dans l'art de corrompre , ils flattent les passions pour énerver ; ils étouffent l'honneur, les lumières , tout ce qui entretient ou fait naître l'indépendance de l'âme, espérant ensuite employer un peuple avili comme l'aveugle instrument de leurs projets.

Mais malgré les efforts de cette tyrannie corruptrice la Providence saura faire ressusciter le vrai, et c'est aux amis de la vertu qu'appartient la mission sainte de le faire triompher. Que ceux qui désespèrent de ce succès par les événements qui se pressent, apprennent à se défendre de leurs tristes prévoyances : car le charme qui subjuguait les nations est entièrement détruit. Elles peuvent obéir encore par la force (*a*), mais le mépris qui s'attache toujours

(*a*) Le manuscrit d'Iwan est censé avoir été écrit avant 1810, et cependant...........................
....

à un pouvoir sans morale est une cause inévitable de sa dissolution. Qu'une secte turbulente se joue donc quelques instants encore de la fraude, du parjure, de la religion et des hommes; les temps sont arrivés, l'empire de la vérité recommence, et tous les bras s'armeront pour le défendre.

Le premier soin du duc de Richelieu, en arrivant à Naples, fut d'aller visiter le tombeau du chantre d'Énée, situé à l'entrée de la grotte du Pausilippe. Tous les voyageurs que ce lieu célèbre attire depuis deux mille ans, ont cru sans doute échapper à l'oubli en gravant leurs noms sur le monument; mais des noms inconnus, environnant celui de Virgile, sont comme de faibles météores éclipsés par l'astre brillant du jour. La gloire seule a le droit de s'associer à la gloire; et bien que les noms de Pétrarque, de Bocace, de Corine (*a*) et de René (*b*) soient presque effacés de cette foule vulgaire, ils sont les seuls, parmi ceux qu'on y lit encore, dont on ose se souvenir en quittant les restes du poète immortel.

Au delà de la grotte, et à deux milles de sa

(*a*) Madame la baronne de *Staël-Holstein*, auteur de Corine.

(*b*) M. le vicomte de *Châteaubriand*, auteur de René.

seconde ouverture, est située la *Dicearchia* (*a*) des Grecs, dont le nom seul est un souvenir généreux. En pénétrant à travers la nuit des temps dans l'histoire de cette ville antique, on s'indigne, avec une femme illustre, de l'idée singulière qui fait regarder les institutions libres comme une invention moderne, puisque, avant même la fondation de Rome, Dicearchia était soumise à une monarchie composée d'un roi, et de deux autorités intermédiaires et distinctes auxquelles appartenaient la discussion des règlemens exécutés par le chef de l'état. La véritable liberté, celle qui place la loi au-dessus des volontés individuelles, date des premiers âges, et a été donnée au monde en même temps que l'existence ; elle seule est de droit divin, au lieu que l'absolutisme n'est que l'usurpation du crime et de la dépravation sur la faiblesse et l'ignorance.

En perdant ses droits, Dicearchia perdit aussi son nom, et reçut des Romains celui de *Puteoly*. Elle s'associa ensuite à l'avilissement du reste de l'empire en élevant une statue à l'infâme Tibère, dont le tombeau, d'un beau dessin, se voit encore sur la place publique.

(*a*) C'est-à-dire *ville de la puissance juste,* aujourd'hui Pouzolles.

La sibylle de Cumes ne rend plus des oracles ;
sa grotte silencieuse ne renferme que des rep-
tiles : l'Achéron, l'Averne, le Phlégethon, ont
perdu leur poétique horreur ; la piscine admirable est maintenant à sec ; les Champs-Élysées
ne sont plus que les tristes rives d'une eau crou-
pissante : la nature elle-même a changé sur ces
malheureux rivages, jadis le siége de tant de
gloire, maintenant la proie de l'oppression et
de la honte ! Richelieu les parcourait en répé-
tant les beaux vers de l'Énéide ; et le livre de
Strabon à la main, il recherchait la cause des
bruits menaçants de la Solfatare (a), dont le
calme apparent est plus effrayant encore que les
flammes qui s'exhalent du Vésuve. Lorsqu'on
frappe sa surface, une colonne de vapeur chaude
s'élève comme par enchantement, le volcan re-
tentit du coup, et ses gouffres répondent par
des mugissements terribles qui font craindre
que la voute, sur laquelle on se trouve, ne soit
anéantie par cette terrible commotion.

Sur le revers de la montagne est la grotte du
Chien, d'où sort une fumée méphytique qui
donne la mort ; mais la nature a placé le remède
auprès du mal, puisqu'il suffit de se plonger dans

(a) Forum vulcani. *Strab.*

le lac voisin pour se guérir des exhalaisons de ce gaz acide carbonique.

De tous les phénomènes, qu'on rencontre partout sur cette terre enchantée, le plus merveilleux, celui qui dépose le mieux de la toute-puissance du créateur, c'est le Vésuve, et le Vésuve en feu. Le duc de Richelieu eut le bonheur d'en être témoin ; et la manière dont il raconte cette éruption, l'une des plus fortes qu'on ait vues, est assez remarquable pour me permettre d'emprunter sa relation à ses mémoires inédits.

Après être entré dans des détails scientifiques sur la formation des volcans, le duc de Richelieu rappelle la première éruption qui signala la résurrection du Vésuve, arrivée l'an 79 de notre ère (28), où périt Pline l'ancien, et il poursuit ainsi :

« .... Lundi, dans la matinée, l'éruption que j'avais vue commencer la veille, dans mon voyage au sommet du Vésuve, a éclaté dans toute sa force. Ce phénomène, le plus terrible de ceux que produit la toute-puissance, surpasse tout ce qu'on en peut dire.

» Le samedi, vers minuit, la bouche de l'ancien cratère avait commencé à vomir de la fumée avec des pierres enflammées, et ce n'est que le

surlendemain, à dix heures du matin, qu'a
commencé la grande explosion : elle s'est manifestée par des détonations beaucoup plus
fortes, et par l'écoulement d'une immense
quantité de lave, dont la fumée blanche à formé
une colonne qui s'est bientôt élevée à une immense hauteur, avec des formes dont le pinceau
du génie pourrait à peine rendre l'imposante
variété. Peu à peu ce nuage a été envahi et sur-
monté par d'autres nuages noirs ou gris qui
sortirent de la bouche du cratère jusques vers
l'entrée de la nuit : alors cette fumée noire et
grise se transforma en colonnes de feu, d'où
jaillissaient continuellement des pluies de pierres
enflammées et de cendre rouge. En même-temps
la montagne, les nuages et l'athmosphère environnant étaient sillonnés par des milliers
d'éclairs qui se croisaient dans tous les sens, et
qu'accompagnaient les mugissements du volcan,
dont le bruit égalait celui d'une batterie de cent
pièces de canon tirés à une courte distance.
Cette terrible scène a duré pendant deux jours,
et ce n'est que le mardi, à onze heures du soir,
que le volcan n'a plus jeté que de la cendre, mais
avec une telle abondance, que le mercredi à
midi, il y en avait deux pieds dans les lieux en-

vironnants, et elle étendait sur l'horizon un voile que le soleil même ne pouvait percer.

« Maintenant que l'expérience a familiarisé avec ce terrible phénomène, le malheur dont Pline l'ancien fut la victime ne se renouvelle plus. La lave qui coule avec une extrême lenteur, et se refroidit très-vite, donne la facilité de se sauver à son approche, et même, de marcher rapidement sur sa surface. Néanmoins, si l'on avait l'imprudence de vouloir lutter avec cette matière, on courrait le risque d'être enseveli sous son volume ; mais hors le temps des éruptions, on peut descendre sans le moindre danger dans les cratères.

« Le peuple de Naples assiste à une explosion du Vésuve comme à un spectacle propre à rompre la monotonie des habitudes ordinaires; et il désire qu'elle ait lieu de temps en temps, pour soulever l'ennui que doivent naturellement souffrir des hommes dont l'existence matérielle est dépouillée des intérêts qui la rendent utile, et par conséquent agréable.

« Pendant les deux jours que dura l'éruption, la ville était déserte; toute la population s'était portée sur la route de Portici pour jouir de plus près de cette terrible scène. A côté de la foule qui courait vers le cratère, il y en avait une plus considérable encore qui allait à Naples se réfugier contre la lave ; elle était composée de tous les malheureux, habitant le pied de la montagne, et qui sauvaient leurs effets, leurs vieillards, leurs femmes et leurs enfants. C'était un spectacle digne d'être observé, que celui de tant d'infortunés courbant leur tête devant la puissance qui s'appesantissait sur eux, gardant en fuyant un morne silence, et un monde de curieux volant a une fête, se félicitant d'un événement qui faisait couler tant de larmes, et n'accordant pas même un regard à ces nombreuses victimes. L'insouciance des Napolitains est telle, que la seule fabrique de poudre que possède le royaume, se trouve construite dans le village de la *Torre del Greco*. Qui a déjà été atteint quatorze fois par les laves précédentes.

» Cette lave n'est pas liquide, c'est une masse d'immenses scories de la nature de celles qui sortent du fourneau d'un forgeron. Les scories roulent les unes sur les autres, mais sans se fondre ensemble ; elles sont d'abord d'un rouge ardent, et surtout pendant le jour ; elles perdent cette couleur, et n'offrent alors qu'une masse brune couverte de fumée, et dont quelques points seulement conservent la couleur ignée.

Cette fumée empêchait de voir à quatre pas, et, dès que les éruptions de cendres ont commencé à prendre le dessus, nous avons trouvé qu'il était temps de rentrer à Naples.

» L'éruption de cendres a duré encore neuf jours ; ainsi la durée totale a été de douze jours. Tout le monde convient que depuis l'éruption où Pline fut englouti, et qui est la première que nous aient transmise les annales du monde, celle-ci a été des plus considérables ; elle a eu plusieurs analogies avec celle de Pline, comme l'affaissement de la montagne et l'influence du phénomène électrique.

» Pendant les deux jours de la plus forte explosion tous les ordres religieux, précédés de leurs bannières, se dirigeaient processionnellement vers Portici en chantant des psaumes, et suivis de femmes échevelées dont les cris lugubres ajoutaient à l'horreur de ce spectacle. Le troisième jour la curiosité publique fut un peu ralentie, et pour la réveiller on ordonna une procession de saint Janvier. Cette cérémonie est remarquable par la magnificence des ornements que l'on y étale ; mais le peu de recueillement des prêtres et des autres assistants la transforme en une parade ; c'est un spectacle moins effrayant que celui du Vésuve, mais enfin c'est un

spectacle, et il en faut aux Napolitains comme
du pain, ainsi qu'aux Romains dégénérés ; car
les *fêtes populaires* sont pour eux toute la religion, qu'ils font consister non dans les devoirs
de la morale, mais dans l'observation des rites
empruntés de l'idolâtrie (*a*). »

Le duc de Richelieu se fit présenter à l'homme
illustre qui faisait à cette époque la gloire de
Naples ; Filangieri (29), surnommé le Montesquieu de l'Italie, retiré de la cour, vivait à la
campagne au milieu d'une famille digne de lui,
et ce fut dans ce sanctuaire de toutes les vertus
qu'il reçut le jeune voyageur ; il voulut même,
quelques jours après, l'accompagner à la ville
grecque de Pœstum, dont les ruines venaient
d'être découvertes. Un peintre qui chassait de
ce côté, les découvrit à travers un bois qui les
avait long-temps cachées, et il les signala à l'admiration des voyageurs.

Cette ville fut bâtie par les Grecs, lorsqu'a-
près la ruine de Troye ils vinrent former des
colonies dans la partie méridionale de l'Italie.
Éloignée des volcans, elle aurait pu échapper à
la destruction si les révolutions humaines, plus
terribles encore que celles de la nature, n'étaient

____

(*a*) Ici finit l'extrait des mémoires inédits.

venues l'atteindre. Les Sarrasins commencèrent sa ruine, les Normands l'achevèrent ; et afin qu'elle ne pût jamais se relever de leur vandalisme, ils abattirent ses monuments et dévastèrent tous les pays voisins, au point que ses magnifiques restes sont demeurés inconnus pendant plus de six cents ans.

Au lieu des roses célébrées par Virgile (a), la plaine de Pœstum ne produisait plus que des ronces jusqu'à l'avénement de Joseph Bonaparte au trône de Naples. A cette époque elle fut concédée à un riche particulier qui la fait cultiver, et le gouvernement a donné des ordres pour pratiquer des fouilles, au moyen desquelles on fait chaque jour de nouvelles découvertes.

A l'entrée de la ville il y a une fontaine qui pétrifie les objets qu'on y plonge ; l'enceinte des murailles existe encore, et c'est dans leur circuit (d'une lieue d'étendue) que se trouvent des temples construits depuis plus de trois mille ans (3o). L'on a découvert, dans celui de Diane, des armures antiques qui sont maintenant dans le musée de Naples, et dont l'aspect transporte

(a) .... Biferique rosaria pœsti ;

Georg. lib. 4.

l'imagination à l'époque des temps héroïques, puisqu'elles ont été revêtues peut-être par Achylle, ou quelqu'un des héros qu'Homère a immortalisés.

Les mœurs des Napolitains sont trop connues pour qu'il soit nécessaire d'en parler encore. L'apathie qu'on leur reproche tient aux richesses que la nature a prodiguées à ce beau ciel ; car la crainte de ne pas jouir en paix de tant de bienfaits, leur fait subir patiemment tous les jougs qu'on leur impose, et se ranger tour à tour sous l'étendard de la révolte, ou seconder de leur zèle les réactions les plus cruelles ; c'est une masse, enfin, qu'on agite en sens contraire avec une égale facilité. Cependant ces remarques ne peuvent s'appliquer qu'au peuple proprement dit, et autrefois à la noblesse : la classe intermédiaire se compose d'hommes les plus respectables par leurs talents, leur courage et leur loyauté ; l'énergie qui les distingue s'est même propagée dans les rangs élevés, puisqu'on rencontre maintenant des grands seigneurs napolitains qui ajoutent à l'éclat de la naissance celui que donne la noble indépendance de la vertu, comme si le sang des derniers martyrs de la liberté (31) avait été pour ce peuple déchu une semence régénératrice.

Après un assez long séjour dans les états de Naples, le duc de Richelieu visita la Sicile et partit ensuite pour Venise. Il s'arrêta d'abord près de Fano, sur les rives du Métauro, célèbre par la défaite d'Asdrubal, et ensuite à Rimini, moins connu par l'arc d'Auguste; le pont de Tibère et le concile hétérodoxe, que par l'immortalité que lui a donnée le génie; car c'est dans ses murs que Françoise d'Arminio et Paul Polenta passèrent le *Tempo de' dolci sospiri*.

En lisant les tableaux sombres et terribles dont l'enfer est rempli, on admire les sublimes inspirations que Le Dante dut à son esprit créateur; mais ce ne put être que dans son âme passionnée, dans le souvenir d'un amour heureux qu'il trouva le secret de ces couleurs harmonieuses et vraies qu'il emploie dans l'épisode justement renommé de ce couple infortuné; car il faut avoir été inspiré par ses propres émotions pour inventer des paroles aussi touchantes que celles de cet admirable récit (*a*), qui surpasse,

(*a*) Noi leggevamo un giorno per diletto
Di lancilloto, come amor lo strinse :
Soli eravamo, e senza alcun sospetto.
Per piu fiate gli occhi ci sospinse.
Quella lettura, e scolorocci 'l viso :
Ma solo un punto fu quel, che ci vinse.
Quando leggemmo il disiato riso

par le pathétique, la délicatesse et la simplicité,
tout ce qui a jamais été écrit dans ce genre.

Lorsque le duc de Richelieu arriva à Venise, les
chants des gondoliers n'avaient (32) point cessé;
sa gloire mourante respirait encore ; mais bientôt les dominateurs des rois envahirent son indépendance en proclamant la liberté des peuples : et cette république qui avait donné des
lois aux plus puissants empires n'est plus comp-
tée maintenant au nombre des nations.

La chute de Venise, comme celle de la Pologne, fait assurément la honte de l'Europe ;
cependant le despotisme de ses institutions,
qu'elle ne maintenait que par la corruption du
peuple, rendait en quelque sorte cette chute
inévitable, et l'on pourrait apprendre à s'en
consoler dans le palais ducal ou sur le pont des
Soupirs. C'est auprès de ces lieux terribles qu'é-
taient les douze puits où l'on renfermait vivants
les malheureux, victimes de la tyrannie patri-
cienne. Il n'était pas nécessaire d'être convaincu
de crime pour subir cet horrible châtiment, il

Esser baciato da cotanto amante,
  Questi : che mai da me non fia diviso,
La bocca mi baciò tutto tremante :
  Galeotto fu il libro, e chi lo scrisse :
  Quel giorno più non vi leggemmo avante.

Del Inferno, canto 5.

9*

suffisait d'en être soupçonné, et le soupçon se justifiant par les dénonciations anonymes qu'on déposait dans la gueule du lion, la calomnie était une arme de laquelle nulle vertu ne pouvait défendre. Le prisonnier que l'on conduisait à la mort traversait le pont des Soupirs pour entrer dans une cellule, d'où, après y avoir été étranglé, il était jeté dans la mer avec un poids qui empêchait son corps de surnager : l'espérance d'être pleuré par un ami n'adoucissait pas ses derniers moments ; un mystère impénétrable couvrait à jamais sa destinée, et il était interdit aux pêcheurs de tendre leurs filets dans les environs de ce pont funeste, pour que le hasard même ne pût pas un jour la faire connaître.

Lors de leur première invasion, les Français ne trouvèrent qu'un seul prisonnier vivant dans ces affreux cachots, et l'on dit qu'il y était plongé depuis quinze ans. Les républicains se hâtèrent de démolir et de combler les plus profonds de ces puits ; mais ceux qui étaient pratiqués immédiatement au-dessous du sol de la galerie qui y conduit, existent encore. Ils sont dans une obscurité complète, et un petit trou laisse seul pénétrer le peu d'air qu'il fallait pour ne point étouffer, et servait aussi à introduire a nourriture du prisonnier : les puits ou cellules sont longs de six pieds, larges de deux, et de la hauteur d'une toise et demie.

Si un roi se fût jamais permis, envers les criminels convaincus des crimes les plus attroces, des châtiments comme ceux infligés à Venise sur le simple soupçon de culpabilité, de prétendus philosophes n'auraient pas manqué de signaler avec raison son indigne cruauté ; mais on se demande pourquoi ces contempteurs de la royauté, si habiles à soulever toutes les haines contre la tyrannie d'un seul, ont si facilement oublié les droits de l'humanité quand elle était outragée par un sénat républicain ? C'est que la plupart de ceux qui déclament contre le despotisme, uniquement inspirés par l'intérêt personnel, n'éprouvent d'autre indignation que la crainte de devenir ses victimes : s'ils pouvaient espérer d'être un jour ses instruments, on les verrait bientôt honorer de leur encens l'idole qu'ils maudissent.

L'écrivain célèbre qui a enrichi la langue française des beautés d'Horace (*a*), trop grand pour s'abaisser à de honteux calculs, a osé pénétrer avec toute l'impartialité d'une âme géné-

(*a*) M. le comte Daru.

reuse dans la politique des Vénitiens, et c'est
en lisant ses pages éloquentes, qu'on peut apprendre à modérer cet enthousiasme exclusif
qu'on affecte de nos jours pour la liberté républicaine.

La situation de Venise, au milieu des eaux,
rend cette ville, unique dans le monde, l'objet
de l'admiration universelle ; ses mœurs, ses fêtes,
ses palais, la font distinguer du reste de l'Italie ;
et bien que tout l'enchantement dont elle s'environnait autrefois ait disparu, on aime à se les
rappeler, et à parcourir les lieux qui furent jadis
le théâtre de tant d'amusements et de tant de
gloire. Le duc de Richelieu y était à l'époque
du carnaval, et après avoir joui de toutes les
folies du *Cassino* et de l'entretien des hommes
célèbres dont Venise s'honorait alors, il partit
pour Vienne.

Le séjour de l'Italie accoutume assez générale-
lement à ne point croire à la bonté. La ruse des
Italiens, leur finesse, l'adresse avec laquelle ils
s'affranchissent des devoirs pour les soumettre
aux plaisirs ou à l'intérêt personnel, laissent un
sentiment pénible dans les cœurs sincères qui
sentent que la vie ne serait qu'une nuit obscure,
sans les affections et les principes qui l'embellissent en la dirigeant. Mais le ciel nébuleux de

l'Allemagne efface bientôt cette impression, et l'on se console de l'âpreté du climat par les vertus des habitants. La crainte ou l'espérance sont chez eux également impuissantes contre la morale; car ses préceptes divins ont seuls le droit de les émouvoir. Ils ont, pour les habitudes étrangères, une honorable antipathie qui ne les empêche pourtant pas d'être, de tous les peuples, le plus bienveillant, le plus hospitalier, et celui parmi lequel on se trouve heureux d'avoir vécu plus long-temps. Sa fidélité à garder des usages surannés, a pu attirer sur lui le sourire de la moquerie; mais quand on sait mettre la simplicité affectueuse des mœurs antiques au-dessus de l'élégance qui cache souvent le froid égoïsme, on s'intéresse toujours aux Allemands comme à des hommes dont on peut faire des amis.

L'enthousiasme est en Allemagne, ce que l'esprit et la grâce sont parmi les Français, un titre au droit de plaire. Le courage y est une qualité sociale; mais non pas, comme en France, un moyen d'impunité en faveur du vice sans pudeur et sans crainte; car on n'y sépare jamais la bravoure de cette loyauté qui commande l'estime, et à laquelle l'adresse à se battre ne saurait suppléer.

L'incrédulité systématique, qui prépara les voies aux excès de la révolution française en érigeant la démoralisation en principe, n'est pas connue en Allemagne. La religion y est considérée comme une espérance de bonheur, et non pas environnée de châtiments et de menaces; aussi n'y sert-elle jamais d'échelon à l'ambition variable selon les lieux, et favorisant tous les intérêts; car les Allemands naturellement religieux, le sont, parce que c'est pour eux une consolation; la franchise qui les distingue ne leur laisserait pas comprendre qu'on pût feindre de l'être pour plaire au pouvoir ou pour y parvenir, et leur lenteur méthodique rendroit d'ailleurs impossible la souplesse que supposent les calculs de l'hypocrisie si faciles chez les peuples du midi. En France lorsqu'il arrivait, sous les rois fainéants, qu'une faction bigote remplaçait les conquêtes par des couvents, et substituait des processions à la gloire, on voyait aussitôt une armée de pervers surgir autour du monarque, et dérober leur dépravation à sa simplicité, en se couvrant d'agnus et d'amulettes. Cette fausseté honteuse, loin d'être utile en Allemagne, ne ferait qu'ajouter, au mépris du vice, l'horreur que mérite dans tous les pays l'infâme usurpateur des droits de la vertu.

La tranquillité de l'âme empêche les Allemands de rien éprouver de violent; l'amour est plutôt dans leur imagination que dans leur cœur; ils l'embellissent de couleurs romanesques qui lui donnent les apparences de la passion; mais c'est une occupation soumise, comme toutes leurs actions, à des formules convenues, et non pas un sentiment, dont le doux empire exerce sur la vie l'influence qui rend facile tout ce qui est grand et généreux. Néanmoins les femmes allemandes sont, en général, fort aimables, surtout quand elles savent s'affranchir de la *sentimentalité* qui nuit à leur naturel, en les rendant ridicules et précieuses. On voit qu'elles essayent d'imiter la sensibilité réelle des anglaises; mais cette affectation fait ressortir encore les grâces touchantes des filles d'Albion, dont le charme est (*a*) tellement puissant, qu'il

(*a*) La supériorité des femmes de la Grande-Bretagne pourrait s'expliquer, peut-être, par leur modestie. Accoutumées à entendre les hommes les plus distingués, agiter les grands intérêts de l'ordre social, elles ne cherchent pas à les distraire par leur frivolité en les faisant s'occuper d'elles avec des riens et des fadeurs; elles écoutent, observent en silence, et profitent ainsi de tout ce qui se dit. Aussi les hommes, que domine si généralement la vanité, sont-ils sans défense contre une timidité qui la flatte, et que, pour mieux les subjuguer, une coquetterie adroite pourrait même ailleurs feindre avec succès.

suffit de les connaître pour les aimer, et de les avoir aimées pour les aimer toujours (*a*).

Quant à la manière de gouverner, les petits états de l'Allemagne portent dans leurs relations diplomatiques la probité qui distingue les individus ; tandis que l'Autriche, au contraire, toujours fidèle au système d'égoïsme, de fourberie, d'adresse et d'obscurantisme qu'elle a constamment suivi depuis l'archiduc Albert, combat encore la civilisation et la liberté. Sa politique n'est qu'un machiavélisme hypocrite, dont le but est l'abrutissement de l'espèce humaine ; car elle fonde sa domination sur l'ignorance et l'aveugle soumission. Voilà pourquoi, étouffant autour d'elle les illusions qui pourraient élever les esprits par l'enthousiasme, on ne voit pas, dans son histoire, un seul de ces traits héroïques qui, chez les autres nations, sont consignés dans leurs fastes comme un appel à la gloire.

Là point de récompenses ni de punitions éclatantes, par la crainte de donner de l'activité en excitant l'émulation ou la pitié. L'Autriche frappe dans l'ombre afin de satisfaire ses ven-

(*a*) Il suffit d'avoir été admis dans la bonne compagnie de Londres. de Dublin et d'Edimbourg pour être persuadé de cette vérité.

geances, et de se réserver en même temps les honneurs de la générosité.

Lorsque les services de Wallenstein se furent accumulés au point de donner de la jalousie à Ferdinand II, il le fit assassiner ; mais aussi, voulant *récompenser* celui qui avait sauvé son trône, il ordonna qu'on célébrerait trois mille messes pour le repos de son âme. On se rappelle avec horreur les cruautés exercées contre les Hussittes, les Suisses et les habitants des Pays-Bas, et plus récemment *la cour sanglante d'Epènes*, où trente bourreaux furent attachés pour exécuter des arrêts dont le nombre inonda de sang toute la Hongrie.

Nous avons vu de nos jours ce gouvernement ingrat et tracassier exciter contre Napoléon les patriotes tyroliens, et les abandonner ensuite à la rigueur de ses vengeances. En se rappelant tant de perfidies, on regrette qu'au lieu de céder au ridicule orgueil de s'allier par un mariage à la maison d'Autriche, Bonaparte n'ait pas réalisé le projet que conçut le grand Henri, d'anéantir cette puissance, il aurait ainsi mérité la reconnaissance de l'Europe et de l'humanité.

Les règnes de Marie-Thérèse et de ses deux fils ont été moins souillés que ceux de leurs prédécesseurs de cette politique honteuse, qui

semble faire consister le gouvernement des nations dans le droit de les opprimer ; et cette
heureuse exception est due, sans doute, à la
philosophie du dix-huitième siècle. Ils n'ont
pas fait tout le bien qu'ils auraient pu faire ;
mais l'on doit convenir pourtant que leurs règnes
n'offrent pas, comme celui d'une autre époque,
ces efforts d'abrutissement et d'ignorance qui
tendent à transformer les peuples en de vils au-
tomates, afin de les faire servir tour à tour
d'instrumens et de victimes *au bon plaisir* de la
tyrannie (*a*).

Quoique le duc de Richelieu sortît à peine
de l'enfance, à l'époque où l'empereur d'Allemagne voyageait en Europe sous le nom de
comte de Falkenstein, il eut l'honneur de lui
être présenté pendant son séjour à Paris ; et ce
prince, en le revoyant à Vienne, se souvint de
lui avec l'intérêt que commandait déjà sa réputation naissante. La vaste étendue de ses connaissances, qu'il cache toujours sous le voile de

(*a*) Depuis la mort de l'empereur Alexandre, l'Autriche est à la tête de la nouvelle Sainte-Alliance, composée de tous les gouvernemens absolus et catholiques
de l'Europe ; elle n'est pas, comme l'autre, décorée du
prétexte de la conservation des trônes. Celle-ci avoue
ses projets, le rétablissement des abus, l'anéantisse-
ment des lumières, de la liberté, de la gloire et de tout
ce qui élève l'homme au dessus de la brute.

la modestie, ne put échapper à l'esprit observateur de Joseph II. Il daigna descendre de son
rang afin de surprendre, pour ainsi dire, le
mérite réel du jeune duc, et ce fut par sa noble
affabilité que l'empereur l'excita à se dégager
de cette défiance de lui-même, qui a presque
toujours mis obstacle à ses succès en le plaçant
trop souvent, dans l'opinion des autres, au-dessous de la médiocrité présomptueuse. C'est par
le besoin de la vérité que je le dis, car il ne lira
jamais ces pages obscures ; et ma voix, trop faible
pour pénétrer au-delà d'une étroite enceinte,
n'aura pas l'honneur d'aller à la postérité pour
lui apprendre un jour les vertus de cet homme
de bien ; mais du moins, en parlant de ses qualités je satisfais à mon admiration et à ma reconnaissance.

Le siècle brillant de Louis XIV avait donné
à la France tant de grandeur et tant de gloire,
que toutes les nations, surtout celles du nord,
s'étaient soumises, envers elle, à une sorte de
servilité morale, en adoptant ses modes, ses
opinions et ses manières. La bonne compagnie
de Vienne était alors, comme aujourd'hui, dominée par cet ascendant, et ceux des Autrichiens
que leur esprit national fait ne vouloir pas s'y
soumettre, sont relégués loin du monde, où ils

conservent l'enveloppe rude et timide que l'u_
sage fait disparaître, mais que le temps rend
plus ridicule encore, à mesure que les années
ajoutent à la lourdeur naturelle aux Allemands;
aussi lasocié té de Vienne n'est elle qu'une
imitation constamment répétée de phrases convenues, plus propres à étouffer les idées qu'à
développer les facultés de l'esprit. On ne peut
pas y être attiré par le désir de plaire, puisque
les jeunes gens n'y paraissent jamais, et que les
femmes, n'ayant aucun intérêt à être aimables,
dédaignent de le paraître.

L'empereur était peut-être le seul homme de sa
cour dont la conversation fût à la fois instruc-
tive, gracieuse et variée; mais il effaçait cet
avantage par un penchant à la moquerie qui lui
attirait souvent, de la part des étrangers,
des réponses piquantes, dont il avait pourtant
le bon esprit de ne point se fâcher.

Pendant son séjour en France, il enleva tous
les cœurs par sa popularité, et des mots char-
mants qui rappelaient à chaque instant la
grâce et la bonté d'une reine si digne d'être
adorée, et que la calomnie livra dans la suite
aux outrages d'une population abusée.

L'empereur voulut aller visiter le bois de
Rosny comme un monument devenu célèbre

par le sacrifice qu'un ministre honnête homme,
avait fait au grand roi dont il était l'ami ; car
Joseph était digne, par son âme généreuse,
d'apprécier un tel dévouement, et bien qu'une
philosophie despotique et une ambition sans
constance aient affaibli l'éclat de sa gloire, la
postérité a déjà-placé son nom au rang des
princes bienfaiteurs de l'humanité.

Il mettait souvent de la coquetterie dans ses
rapports avec les étrangers qui venaient à sa
cour, afin de les y retenir plus long-temps. Le
duc de Richelieu n'aurait pas échappé à cette
séduction, si le maréchal, son aïeul, ne lui avait
mandé de revenir en France. Il parcourut le
reste de l'Allemagne, et arriva à Paris quelques
jours avant la prise de la Bastille.

Il rentrait dans sa patrie enrichi de l'abondante moisson d'idées qu'il avait recueillies dans
ses voyages, et véritablement heureux des espérances que semblaient devoir donner les premiers travaux de l'assemblée constituante. Pure
alors, elle n'avait point encore été souillée des
erreurs qui, depuis, servirent de prétexte aux
partisans du despotisme pour calomnier tous
ses actes. La profondeur de ses débats, et l'éloquence républicaine de quelques-uns de ses
membres, étaient bien propres à exciter l'admi-

10*

ration d'un jeune homme, comme Richelieu, plein d'enthousiasme et de vertu. Il n'aperçut d'abord que l'attaque portée aux abus sous lesquels la nation avoit long-temps gémi. Les impôts diminués et légitimement consentis, d'injustes priviléges anéantis, le jugement par jury substitué au mode suivi jusqu'alors, les arrestations arbitraires entièrement abolies, l'exercice des différents cultes, le commerce et le génie délivrés de leurs entraves, furent les bienfaits qui livrèrent tous les esprits à l'espoir d'un heureux avenir. Mathieu de Montmorency et quelques autres, séduits par le désir du bien public, avaient adopté, comme faciles à réaliser, des idées d'autant plus séduisantes pour des cœurs généreux, qu'elles ne leur présentaient d'abord que des sacrifices personnels à offrir à l'intérêt général ; mais ils virent bientôt qu'en ne faisant point entrer les passions des hommes dans leurs calculs, les rêves de leur philantropie n'étaient que des songes brillants promptement évanouis.

Le duc de Richelieu ne fut pas long-temps à se désabuser, et il découvrit aussitôt les indices des commotions effroyables qui ont bouleversé l'Europe. Ses principes politiques n'étaient pas cependant empreints de ce royalisme superstitieux qui repousse, comme un attentat à la majesté des rois, les limites constitutionnelles qui bornent l'autorité royale, il désirait au contraire dans l'intérêt de la monarchie, que Louis XVI fît, aux lumières du siècle, les concessions réclamées de toute part; mais il aurait voulu combattre pour empêcher qu'elles ne lui fussent arrachées, parce qu'il est persuadé que *la liberté*, pour être utile, *doit, comme le soleil, venir d'en haut* (a); alors, seulement, elle éclaire et vivifie; mais quand on la ramasse pour ainsi dire dans les rues, ou qu'elle naît de la lutte des droits contre les devoirs, ses résultats ne sont plus qu'une funeste anarchie, dont les flammes dévorantes atteignent également les vainqueurs et les vaincus, les bourreaux et les victimes.

Le premier tort de l'assemblée constituante fut de tout détruire sans rien mettre à la place de ce qu'elle détruisait, et de vouloir substituer un gouvernement spéculatif aux vénérables institutions qui, malgré de graves abus, méritaient pourtant quelque respect, puisqu'elles avaient garanti la monarchie pendant plusieurs siècles. Aussi la France ne tarda-t-elle pas à ressentir les terribles effets de cette désorgani-

(a) Ces belles paroles sont de M. de Fontannes.

sation sociale : de coupables doctrines brisèrent tous les freints, égarèrent la multitude, et la livrèrent à un fanatisme politique, qui la porta à être l'aveugle instrument du système de tyrannie le plus atroce dont l'histoire fasse mention.

La prise de la Bastille, admirée d'abord comme un acte d'héroïsme, fut aussitôt souillée de cruautés, dont le souvenir flétrit à jamais cette journée mémorable; et bien que le gouverneur méritât une punition éclatante par son manque de foi envers les parlementaires admis dans la forteresse, sa mort devait être revêtue de toutes les formes légales, et non pas transformée en un horrible assassinat. Ce premier succès de la démocratie fut comme le début de tous les crimes : enhardie par la faiblesse du gouvernement, elle osa se substituer à son autorité, traîner l'infortuné monarque à son char de triomphe, et l'abreuver d'outrages.

Le duc de Richelieu qui demeurait habituellement à la cour, se trouvait à Paris le 5 octobre, au moment où le bruit du tocsin et des mouvements extraordinaires dans cette ville immense, lui firent deviner que des projets sinistres agitaient la populace. Il voulut revenir à Versailles pour défendre la famille royale; mais tout passage étant interdit, il dut se dé-

guiser en homme du peuple, et à pied, mêlé
à ces bandes d'hommes ivres et de femmes per-
dues dont il entendait les vœux sanguinaires,
il arriva auprès du roi au moment où les brigands avaient déjà forcé l'entrée de l'assemblée
nationale et allaient se porter vers le château.
Richelieu court chez la reine, l'entraîne dans
l'appartement du roi par le passage de l'*œil de
bœuf*, et la dérobe de cette sorte à une mort
certaine; car la multitude demandait la tête de
cette princesse, et celles des gardes du corps qui
avaient essayé de la défendre.

Réunie au roi et à ses enfants, Marie-Antoinette dédaigna toute crainte personnelle et montra une intrépidité digne de l'auguste fille de
Marie-Thérèse. Cependant la famille royale
était encore menacée du plus grand danger,
quand M. de La Fayette (*a*), à la tête de la
garde nationale, se faisant jour à travers ces
cannibales, pénétra dans le château et parvint à les en chasser; mais ils exigèrent que le
roi transférât sa résidence à Paris...! Escortés

(*a*) « C'est au général La Fayette que le roi, la reine
« et la famille royale durent leur salut dans l'exécrable
« matinée du 6 octobre; sa conduite fut noble et hé-
« roïque; il se montra digne de commander à la garde
« nationale de Paris, et cette garde se couvrit de gloire. »
P. 161 *t.* 2 *de l'hist. de France, par l'abbé de Mongaillard.*

de la populace, le monarque et sa famille
étaient précédés par les assassins qui agitaient
comme des trophées, au bout de leurs piques,
les têtes des gardes, martyrs de leur dévouement, et exhalaient à chaque instant d'horribles
imprécations contre leur reine. Déterminé à
périr pour la garantir de toute insulte, et voulant lui faire un rempart de son corps, le duc
de Richelieu, favorisé par son déguisement,
se plaça durant le trajet sur le marchepied de
la voiture, du côté de la portière où était Marie-
Antoinette, s'exposant ainsi à être reconnu et
à succomber sous la rage des brigands.

Quelques jours après leur arrivée à Paris, les
augustes époux le chargèrent d'une mission pour
l'empereur Joseph, et il repartit aussitôt pour
Vienne; mais il n'y arriva que pour être témoin
de la mort de ce prince (a), hâtée peut-être
par les chagrins de tous les genres dont avaient
été remplies les dernières années de son règne.
Pendant que Richelieu était encore à Vienne,
le prince Charles de Ligne et le comte de Langeron lui proposèrent d'aller combattre parmi
les Russes sous les murs d'Ismaël (b). N'espérant

(a) L'empereur Joseph mourut le 14 janvier 1790.

(b) M. de Richelieu n'a jamais oublié que ce fut en

plus d'être utile à la cause de sa patrie et de son roi, il partit avec eux. Le comte Roger de Damas, qui servait depuis quelques années dans les armées de la grande Catherine, les présenta au prince Potemkin, et ce fut dès-lors que Roger et Richelieu s'unirent par les liens de cette amitié dévouée qu'on ne peut former que dans la jeunesse, et dont l'heureuse influence s'étend sur toute la vie. La conformité de sentiments et de pensées qui existe entre eux par la loyauté des principes et l'amour de l'humanité, les rend nécessaires l'un à l'autre et met en commun les intérêts de chacun. Puissent-ils, en ne se survivant pas l'un à l'autre, n'avoir jamais à regretter les douceurs de leur union, et faire un jour la triste épreuve, que de toutes les douleurs, la plus difficile à supporter, c'est d'avoir à pleurer la perte d'un ami (a)!

combattant les Turcs qu'il cueillit ses premiers lauriers. S'il vivait encore et qu'il présidât les conseils du roi, la France n'aurait pas à déplorer cette politique honteuse qui place l'héritier de Saint-Louis, le fils aîné de l'église, au rang des alliés d'un infidèle, bourreau des chrétiens, éternel ennemi de la civilisation et de la liberté. Il est à remarquer que la sœur bien-aimée de M. de Richelieu, celle dont les agréments et la bonté rappellent le mieux son illustre frère, *madame la marquise de Montcalm*, figure au premier rang des dames phillélènes.

(a). M. Roger de Damas est la preuve de cette vérité, car il n'a survécu à M. de Richelieu que de quelques mois.

L'assaut d'Ismaël demeurera célèbre par l'impitoyable cruauté qui flétrit à jamais la gloire de Souwarow ; et bien que, grâces à M. de Richelieu, je doive ma délivrance à la victoire des Russes, la voix de ma mère, lâchement égorgée sur ces décombres sanglans, cette voix gémissante est trop puissante pour que je puisse ne pas déplorer éternellement cette journée mémorable.

Je suis né dans la Sicile, d'une famille que j'ai toujours cru n'être point d'un rang vulgaire, et qui vivait habituellement dans une terre située sur le bord de la mer. Un jour, j'étais alors dans ma cinquième année, un jour que mon père était allé à la chasse, des corsaires algériens débarquèrent sur le rivage, escaladèrent la maison, massacrèrent tous les domestiques, et se mirent en devoir de m'enlever avec ma mère. Mon père qui rentrait dans ce moment, voulut essayer de défendre sa femme et son fils ; mais accablé par le nombre, il périt victime de son courage. Nous fûmes conduits au marché de Constantinople et vendus à un chef de janissaires d'un naturel assez doux, et qui, étant devenu amoureux de ma mère, lui proposa de l'épouser. L'impatience de l'esclavage, peut-être aussi sa tendresse pour moi, firent consentir ma mère à ce honteux hymen ; mais du moins demeura-t-elle fidèle à la foi de ses pères, et elle fit pénétrer dans mon âme les précieuses étincelles de la morale évangélique.

Mon beau-père m'aimait comme son fils, et j'aurais fini peut-être par oublier ma servitude si ma mère, luttant contre toutes les séductions qui environnaient mon enfance, n'avait pris soin de me rappeler à chaque instant mon origine ; cependant elle m'a toujours caché le nom de mon père, ne voulant me l'apprendre, me disait-elle, qu'à l'époque où je pourrais venger sa mort et la délivrer elle-même. C'est ainsi que j'ai toujours ignoré ma famille, et que je vivrais isolé sur cette terre, si la bonté généreuse de M. de Richelieu ne me tenait lieu de parens, d'amis et de patrie.

Nous étions à Constantinople depuis quatre ans, quand la Porte-Ottomane déclara la guerre à la Russie. Mon beau-père fut envoyé à Ismaël en qualité de séraskier, et il voulut que ma mère et moi partissions avec lui. La relation de ce siége fameux se trouve consignée dans les mémoires inédits du duc de Richelieu, et je me propose de la transcrire ici ; mais pour rendre plus faciles à comprendre les faits qui me sont relatifs, j'ajouterai d'abord que mon beau-père fut tué durant l'assaut, ainsi qu'on le verra dans l'extrait des mémoires, et qu'au moment où les Russes pénétraient dans la place, ma mère me prit dans ses bras, et volant à leur rencontre comme au devant de ses libérateurs, elle allait se mettre sous la protection de Suwarow, quand deux Kosaks, attirés par la richesse de ses vêtements, la massacrèrent sur les cadavres de trois autres femmes qu'ils venaient d'immoler. J'aurois péri, comme ma mère, sans M. de Richelieu......... Mais je ne veux pas me dérober plus long-temps au plaisir de le laisser raconter, lui-même, toutes les circonstances de son bienfait et du siége d'Ismaël.

« Le trente novembre on s'approcha de la place ; les troupes de terre formaient un total de vingt mille hommes, indépendamment de sept à huit mille Kosaks réguliers et irréguliers.

» Ismaël est situé sur la rive gauche du bras gauche du Danube, à peu près à quatre-vingts verstes de la mer. Son premier nom était *Forteresse de la grande-armée*; elle a près de trois mille toises de tour : sa position est d'autant plus intéressante qu'il est impossible aux Russes de se risquer en Bulgarie, sans qu'elle soit en leur possession. Dans la dernière guerre elle n'était entourée que d'une simple muraille,

construite autrefois par les Génois ; mais depuis
la paix de 1774, les Turcs, qui en ont senti
l'importance, ont confié la direction de ses fortifications à des ingénieurs européens, et, entre
autres, à un Allemand nommé Richter.

» On a compris dans ces fortifications un
faubourg Moldave, situé à la gauche de la ville,
sur une hauteur qui la domine ; l'ouvrage a été
terminé par un Grec. Pour donner une idée de
l'incapité de cet ingénieur, il suffira de dire qu'il
fit placer des palissades perpendiculairement
sur le parapet, de manière qu'elles favorisaient
les assiégeants, et arrêtaient le feu des assiégés.

» Le rempart en terre est prodigieusement
élevé à cause de l'immense profondeur du fossé ;
il est cependant absolument rasant ; il n'y a ni
ouvrage avancé, ni chemin couvert. Un bastion
de pierres, ouvert par une gorge très-étroite
et dont les murailles sont fort épaisses, a une
batterie casematée et une à barbette ; il défend
la rive du Danube. Du côté droit de la ville est
un cavalier de quarante pieds d'élévation à pic,
garni de vingt-deux pièces de canon, et qui défend la partie gauche.

» Du côté du fleuve, la ville est absolument
ouverte ; les Turcs ne croyant pas que les
Russes pussent jamais avoir une flotille dans le

Danube. Avant de la faire manœuvrer, ceux-ci crurent jeter la consternation parmi les enne-mis, et les engager à capituler en construisant deux batteries sur l'île qui avoisine Ismaël ; mais les Turcs n'en prirent aucun ombrage.

» Cette opération ayant manqué, la flotille russe s'avança vers les sept heures du matin, le 1er décembre 1790, jusqu'à cinquante toises de la ville ; elle souffrit, pendant six heures, un feu continuel de mitraille et de mousqueterie ; elle était secondée par les batteries de terre ; mais on reconnut que les canonnades ne suffi-raient pas pour réduire la place, et l'on fit la retraite à une heure. Un lançon sauta pen-dant l'action, un autre dériva par la force du courant, et fut pris par l'ennemi. Les Turcs perdirent beaucoup de monde et plusieurs vais-seaux ; mais à peine la retraite des Russes était opérée, que les plus braves d'entre les ennemis se jetèrent dans de petites barques, et essayèrent une descente qui fut empêchée par le comte Roger de Damas ; il les mit en fuite, et leur tua beaucoup de monde.

» Cependant Potemkin ayant ordonné à Su-warow de prendre Ismaël à *quelque prix que ce fût*, on vit venir, le 16 décembre, deux hommes courant à toute bride : on les prit

pour des Kosaks ; l'un était Suwarow, et l'autre
son guide, portant un petit paquet renfermant
le bagage du général. Son arrivée produisit un
enthousiasme universel, et tous, sans exception,
demandèrent qu'on donnât l'assaut, bien que
l'armée russe, composée de vingt-deux mille
hommes, eût à lutter contre trente-six mille
Turcs bien disciplinés.

» Le 19 et le 20, Suwarow exerça lui-même
les soldats, leur montra comment il fallait s'y
prendre pour escalader, et enseigna aux recrues
la manière de donner le coup de baïonnette : il
se servit, pour ces leçons de carnage, de fascines
qui représentaient un Turc, et préludant ainsi
aux massacres qu'il méditait, il semblait se plaire
à familiariser la soldatesque avec la plus barbare
cruauté.

» Le 21 on commença, comme l'ordre en
avait été donné, l'une des plus terribles canonnades dont l'histoire de la guerre fasse mention :
quarante pièces du côté de terre, cent sur l'île,
et cent cinquante, au moins, des différents
bâtiments de la flotille, firent, pendant vingt-
quatre heures, un feu terrible, et qui n'eut
aucune interruption. Les Turcs répondirent très-
vivement, et *le Constantin*, deuxième bâti-
ment de la flottille, qui portait dix-huit pièces

11*

de canon de bronze, sauta vers les dix heures du matin.

» On proposa, malgré l'avis de l'amiral de Ribas, de monter à l'assaut avant le jour; il observait que, dans la confusion que ferait naître l'obscurité, le désavantage serait pour les assaillants ; son opinion ne fut point admise, mais l'événement en prouva la justesse ; car les premiers corps, arrivés sur le rempart, furent abimés, et principalement celui que commandait Roger de Damas.

» Le 22 décembre, la nuit était obscure, un brouillard épais ne nous permettait de distinguer autre chose que le feu de notre artillerie, dont l'horizon était embrâsé de tous côtés : ce feu, partant du milieu du Danube, se réfléchissait sur les eaux, et offrait un coup-d'œil très-singulier. A peine eut-on parcouru l'espace de quelques toises au delà des batteries, que les Turcs, qui n'avaient point tiré pendant toute la nuit, s'apercevant de nos mouvements, commencèrent de leur côté un feu très-vif, qui embrâsa le reste de l'horison; mais ce fut bien autre chose, lorsque, avancé davantage, le feu de la mousqueterie commença dans toute l'étendue du rempart que nous apercevions. Ce fut alors que la place parut à nos yeux comme un volcan, dont le feu sortait de toutes parts. Un cri universel d'*Allah*, qui se répétait tout autour de la ville, vint encore rendre plus extraordinaire cet instant, dont il est impossible de se faire une idée.

» Toutes les colonnes étaient en mouvement ; celles qui attaquaient par eau, commandées par le général Arnséniew, essuyèrent un feu épouvantable, et perdirent avant le jour un tiers de leurs officiers. Trois cents bouches à feu vomissaient sans interruption, et trente mille fusils alimentaient sans relâche une grêle de balles.

» Le prince de Lygne fut blessé au genou, et le brigadier Markou, insistant pour qu'on emportât le prince, reçut un coup de fusil qui lui fracassa le pied (*a*). Les troupes déjà débarquées se portèrent à droite pour s'emparer de la batterie, et celles débarquées plus bas, principalement composées des grenadiers de *Fanagorie*, escaladaient le retranchement de la palissade.

» N'apercevant plus le commandant du corps dont je faisais partie, et ignorant où je devais

(*a*) L'extrême modestie de M. de Richelieu l'empêche de jamais parler de lui avec avantage ; mais dans cette circonstance il reçut une balle entre le fond de son bonnet et sa tête.

Voyez l'histoire de la nouvelle Russie, page 211.

porter mes pas, je crus reconnaître le lieu où le rempart était situé. On y faisait un feu assez vif, que je jugeai être celui de la seconde colonne de terre, aux ordres du général-major de Lascy. Je me dirigeai de ce côté ; et appelant ceux des chasseurs qui étaient autour de moi en assez grand nombre, je m'avançai et reconnus ne m'être point trompé dans mon calcul ; c'était en effet cette colonne qui à l'instant parvenait au sommet du rempart. Les Turcs de derriere les travers et les flancs des bastions voisins faisaient sur elle un feu très-vif de canon et de mousqueterie. Je gravis, avec les gens qui m'avaient suivi, le talus intérieur du rempart, et ce fut dans cet instant que je reconnus combien l'ignorance du constructeur des palissades était importante pour nous ; car, comme elles étaient placées au milieu du parapet, il y avait de chaque côté neuf à dix pieds sur lesquels on pouvait marcher ; et les soldats, après être montés, avaient pu se ranger commodément sur l'espace extérieur, et enjamber ensuite les palissades, qui ne s'élevaient que d'à peu près deux pieds au dessus du niveau de la terre. Je rencontrai bientôt le général Lascy, et ce fut une véritable satisfaction pour moi de me réunir à un officier aussi distingué : cependant je m'en séparai bientôt sans m'être fait connaître, et lui laissant l'opinion que j'étais Livonien.

» Les deux colonnes qui s'étaient le plus approchées de la place parvinrent à se réunir à travers de grandes difficultés ; elles attaquèrent un bastion, et malgré une opiniâtre résistance il fut emporté. Le séraskier (a) défendait cette partie : un officier de marine anglaise veut le faire prisonnier, et reçoit un coup de pistolet qui l'étend roide mort. Les Russes passent trois mille Turcs au fil de l'épée, et seize baïonnettes percent à la fois le séraskier.

» Enfin la ville fut emportée ; l'image de la mort et de la désolation se représente de tous côtés ; le soldat furieux n'écoute plus la voix de ses officiers, il ne respire que le carnage : altéré de sang, tout est indifférent pour lui, et trente-huit mille cent soixante Turcs furent impitoyablement égorgés. Je ne puis m'empêcher, pour servir d'adoucissement au souvenir de tant de malheurs, de raconter que je sauvai la vie à un enfant de dix ans, dont l'innocence et la candeur formaient un contraste bien frappant avec la rage de tout ce qui m'environnait.

(a) Mari de la mère d'Iwan.

» En arrivant sur le bastion où le combat cessa et où commença le carnage, j'aperçus un groupe de quatre femmes égorgées , entre lesquelles cet enfant, d'une figure charmante, cherchait un asile contre la fureur de deux Kosaks qui étaient sur le point de le massacrer. Ce spectacle m'attira bientôt; et je n'hésitai pas , comme on peut le croire , à prendre entre mes bras cet infortuné, que les barbares voulurent y poursuivre encore. J'eus bien de la peine à me retenir , et à ne pas percer ces misérables du sabre que je tenais suspendu sur leurs têtes ; je me contentai cependant de les éloigner , non sans leur prodiguer les coups et les injures qu'ils méritaient ; et j'eus le plaisir d'apercevoir que mon petit prisonnier n'avait d'autre mal qu'une coupure légère que lui avait faite au visage le même fer qui avait percé sa mère.

. » Le sultan, frère du kan des Tartares, qui avait rallié les Turcs lorsque l'ennemi pénétra dans la place , combattit en héros. Sa brillante valeur, la générosité de son caractère l'élevaient au dessus de sa nation, et ne se démentirent jamais. Cinq de ses fils , encouragés par son exemple , égalèrent son courage, et furent tués sous ses yeux. Cette cruelle épreuve ne ralentit

point son ardeur belliqueuse ; et loin de se
rendre, il ne répondait que par des coups de
sabre à ceux qui lui en faisaient la proposition :
toute sa troupe fut massacrée autour de lui.
Seul, et privé de tous les siens, il se faisait re-
douter encore, quand une balle vint terminer
sa glorieuse vie.

» L'inflexible Suwarow, qui affectoit d'imiter
le laconisme des Spartiates, se contenta d'écrire
à Potemkin cette simple lettre : *Le drapeau
russe flotte sur les remparts d'Ismaël.* Le pillage
fut permis pendant trois jours. La terre qui
était gelée n'ayant pas permis d'enterrer les
morts, huit jours furent employés à les jeter
dans le Danube. De tous les habitants de cette
ville infortunée, un seul échappa à la mort,
parce qu'étant tombé dans le fleuve il gagna la
rive droite, et put porter ainsi, au grand visir,
la première nouvelle de ce funeste événement.

» Deux cent trente canons, deux cent qua-
rante-cinq drapeaux, d'immenses munitions
de guerre et de bouche, dix mille chevaux, et
quinze millions de piastres en espèces, telles
furent les dépouilles dont se composa le tro-
phée sanglant de Suwarow.

» Les Russes perdirent, dans cet assaut, près
de huit mille hommes, parmi lesquels beaucoup

d'officiers de tout rang. Le régiment de Polosk se distingua par sa bravoure, et se fut à l'héroïsme de son aumonier qu'il dut ses succès. Ce prêtre, voyant les soldats repoussés, passa à leur tête, le crucifix à la main, et leur promit la victoire de la part de Dieu : il se précipita au milieu des cimeterres turcs; les soldats le suivirent et entrèrent dans la ville. Le prince Potemkin récompensa ce brave homme en lui envoyant une croix de diamans, qu'il lui permit de suspendre à un ruban de Saint-Georges.

» Les Turcs avaient formé, avant le siége, un plan qui aurait embarrassé les Russes, s'il eût été bien exécuté ; ils s'étaient ménagé des intelligences avec les habitants de la ligne du Caucase et les peuples habitant le vaste pays qui sépare Astrakan des rives du Couban : le projet était de passer ce fleuve, de marcher sur Astrakan, puis de prendre Asow et la Crimée à revers. Mais à la première annonce de ce plan, le général détacha cinq bataillons de l'armée qui firent une marche forcée, surprirent l'ennemi sur les bords du fleuve, les taillèrent en pièces, et prirent Battal pacha qui les commandait. On s'empara de tous les documents relatifs à cette expédition, les peuples furent réprimés, et le bonheur de l'impératrice la servit dans cette occasion comme dans toutes les autres (a).... »

Si les douleurs que cause la perte d'une mère pouvaient recevoir des adoucissements, celles que je souffrais auraient été tempérées par les soins touchants dont M. de Richelieu daigna m'environner. Dans l'âge où j'étais alors les impressions sont vives, mais fragiles; et il suffit, bien souvent, d'un hochet pour distraire l'enfance de ce qui l'affecte le plus; facile aux sentiments généreux, le cœur s'abandonne sans calcul à la reconnaissance, il paie une caresse par de l'amour, et ne se souvient que des bienfaits. Pour me faire perdre la pensée de mes malheurs, le bon duc m'éloigna des lieux qui en avaient été le théâtre, et m'emmena à Akerman où se tenait la cour du prince Potemkin. Je ne fus point ébloui de l'éclat dont s'entourait ce favori, la seule chose qui me frappa, parce que mon cœur en recueillit le souvenir, ce fut un trait qui montra dans tout son jour la modestie de mon bienfaiteur.

L'on a vu, dans l'extrait de ses mémoires, qu'en parlant de sa réunion avec le comte de Lascy, il semble oublier les circonstances qui étaient le plus à sa louange; il dit tout simple-

_____

(a) J'interromps ici les mémoires du duc de Richelieu pour reprendre mon récit.

ment que le général se méprit sur sa patrie. En
effet, M. de Lascy, voyant arriver à son secours
un bataillon qui lui sauva la vie, s'avança vers
l'officier qui l'avait conduit, et le prenant pour
un Livonien, lui parla en allemand : Richelieu,
qui connaît parfaitement cette langue, lui répondit avec politesse, sans pourtant le désabuser. Après la prise d'Ismaël, le comte se repro-
chant de n'avoir pas demandé au prétendu Livonien de lui dire son nom, pour qu'il pût le
recommander à Potemkin, le fit chercher inutilement. Il en parlait à tous ceux qu'il voyait ;
dans ses rapports au prince, il l'entretenait aussi
de ses regrets, et Richelieu entendait chacun
s'entretenir du Livonien, et de la reconnaissance de Lascy, sans être tenté, le moins du
monde, de se faire connaitre.

Un jour que le prince avait voulu me voir,
j'étais encore assis sur ses genoux quand on
annonça le général. La première personne
qu'aperçut celui-ci, en entrant dans le salon,
ce fut le Livonien : sans songer à saluer le prince,
il court se jeter dans les bras de celui qui lui
avait sauvé la vie, et l'entraînant auprès de
Potemkin, il allait le lui recommander, quand
le favori éclatant de rire, lui dit, avec sa brus-
querie ordinaire, que *ce Livonien prétendu*

étoit le duc de Richelieu, et qu'un homme de sa sorte ne pouvait être recommandé que par son propre mérite. Le comte, confondu de sa méprise, essayait des excuses ; mais mon illustre bienfaiteur l'embrassant à son tour, lui parla avec une effusion qui prouvait en même-temps et sa modestie et sa reconnaissance.

Une autre fois j'avais suivi M. de Richelieu chez Potemkin, où se trouvaient aussi MM. Roger de Damas et le comte de Langeron ; on s'entretenait de la révolution française ; et bien qu'elle n'eût point été souillée, encore alors, des crimes qui l'ont ensuite deshonorée, le favori de l'autocratrice trouvait, comme on peut le croire, que les efforts d'un peuple, pour devenir libre, ne sont qu'un attentat à l'autorité des rois ; et s'adressant à M. de Langeron, il lui dit : « Colonel, vos compatriotes sont des fous ; je n'aurais besoin que de mes palfreniers pour les mettre à la raison ».

Quoique le comte déplorât les funestes excès par lesquels la nation française dépassait le but qu'elle voulut d'abord atteindre, il avait dans le cœur tout le patriotisme des anciens preux. Ces paroles outrageantes et grossières réveillèrent son orgueil national, et il répondit avec une noble audace à Potemkin, « que toute son armée n'y parviendrait pas ». Le prince se levant à ces mots, avec colère menaça Langeron de l'envoyer en Sybérie ; mais l'illustre Français, sans se laisser humilier par la crainte, sortit à l'instant ; et traversant fièrement les phalanges moskovites, il passa le Sereth, et se retira dans le camp des Autrichiens.

Appelé par l'impératrice à Pétersbonrg, pour jouir auprès d'elle de tous ses triomphes, Potemkin voulut que M. de Richelieu partît avec lui. Je suivis mon protecteur sur les bords de la Newa, et aussitôt après mon arrivée, je fus placé à l'École militaire que Catherine venait de fonder. Cette princesse reçut son favori avec d'incroyables transports de joie ; elle le combla d'honneurs, de présents et de fêtes, et le chargea de remettre, de sa part, à Richelieu, une épée d'or avec l'ordre de Saint-Georges. Cependant il repartit bientôt pour l'armée. Fatigué des grandeurs et de lui-même, il semblait être poursuivi par le pressentiment de sa fin prochaine : arrivé à Yassi, il fut atteint de la fièvre épidémique qui y régnait ; et croyant pouvoir dédaigner les conseils des deux plus célèbres médecins de Pétersbourg que lui avait envoyés sa souveraine, il se livra à toute son intempérance. Comme sa maladie faisait des

progrès, il voulut qu'on le transportât à Niko-
laeff; mais il avait à peine fait trois lieues que
se trouvant plus mal, il descendit de voiture, et
mourut sous un arbre dans les bras d'une de ses
nièces qui l'avait accompagné.

» Potemkin fut un des hommes les plus
extraordinaires de son siècle ; mais il fallait,
pour qu'il jouât un rôle aussi marquant, qu'il
naquît en Russie, et qu'il vécût sous le règne de
Catherine II. Dans tout autre pays, dans tout
autre temps, avec tout autre souverain, il aurait
été déplacé ; et un hasard singulier a créé cet
homme pour l'époque qui lui convenait, et a
amené et réuni toutes les circonstances auxquelles il pouvait convenir.

» Il rassemblait dans sa personne tous les défauts et tous les avantages les plus opposés : il
était avare et magnifique, despote et populaire,
dur et bienfaisant, orgueilleux et caressant,
politique et confiant ; libertin et superstitieux,
audacieux et timide, ambitieux et indiscret ;
prodigue avec ses parents, ses maîtresses et ses
favoris, il ne payait souvent ni sa maison, ni
ses créanciers ; son crédit dépendait toujours
d'une femme, et toujours il lui fut infidèle.
Rien n'égalait l'activité de son imagination, ni
la paresse de son corps ; aucun danger n'effrayait

12*

son courage, aucune difficulté ne le faisait renoncer à ses projets ; mais le succès le dégoû-
tait de ce qu'il avait entrepris.

» Il fatiguait l'empire par le nombre de ses
emplois et par l'étendue de sa puissance ; il était
lui-même fatigué du poids de son existence,
envieux de tout ce qu'il ne faisait pas et ennuyé
de ce qu'il faisait ; il ne savait ni goûter le repos,
ni jouir de ses occupations. Tout en lui était dé-
cousu : travail, plaisir, caractère, maintien. Il
avait l'air embarrassé dans toutes les sociétés,
et sa présence gênait tout le monde ; il traitait
avec humeur tous ceux qui le craignaient, et
carressait tous ceux qui l'abordaient familière-
ment.

» Il promettait toujours, tenait peu, et n'ou-
bliait jamais rien ; personne n'avait moins lu
que lui ; peu de gens étaient plus instruits ; il
avait causé avec des hommes habiles dans toutes
les professions, dans toutes les sciences, dans
tous les arts ; on ne sut jamais mieux pomper
et s'approprier le savoir des autres ; il aurait
étonné, dans une conversation, un littérateur,
un artiste, un artisan et un théologien. Son
instruction n'était pas profonde ; mais elle était
fort étendue ; il n'approfondissait rien, mais il
parlait bien de tout.

» L'inégalité de son humeur répandait une bizarrerie inconcevable dans ses désirs, dans sa conduite, dans sa manière de vivre ; tantôt il formait le projet de devenir duc de Courlande, tantôt il songeait à se donner la couronne de Pologne ; souvent il montrait le désir de se faire évêque, ou même simplement moine. Il bâtissait un palais superbe, et voulait le vendre avant qu'il fût achevé. Un jour il ne rêvait qu'à la guerre, et n'était entouré que d'officiers, de Tartares et de Kosaks ; le lendemain, il ne songeait qu'à la politique, il voulait partager l'empire ottoman, et mettre en mouvement tous les cabinets de l'Europe ; dans d'autre temps, ne s'occupant que de la cour, paré d'habits magnifiques, couvert de cordons de toutes les puissances, étalant des diamants d'une grosseur et d'une blancheur infinies ; il donnait sans sujet de superbes fêtes.

» On le voyait quelquefois passer pendant un mois, au milieu de toute la ville, des soirées entières près d'une jeune fille, paraissant également oublier et toute affaire et toute décence ; quelquefois aussi, pendant plusieurs semaines, retiré chez lui avec ses nièces et quelques hommes admis à son intimité ; il restait sur un sopha, sans parler, jouant aux échecs ou aux cartes, les jambes nues, le col déboutonné, en robe de chambre, le front soucieux, les sourcils froncés, et présentant, aux yeux des étrangers qui venaient le voir, l'aspect d'un sale et grossier Kosak.

» Toutes ces singularités donnaient souvent de l'humeur à l'impératrice, mais le rendaient plus piquant pour elle. Dans sa jeunesse, il lui avait plû par l'ardeur de ses feux, par sa valeur, par sa mâle beauté; arrivé à l'âge mûr, il la charmait encore en flattant son orgueil, en calmant ses craintes, en affermissant son pouvoir, en caressant ses chimères d'empire d'O-rient, d'expulsion des barbares, et de restauration des républiques Grecques.

» A dix-huit ans, bas officier dans les gardes à cheval, il décida, le jour de la révolution, son régiment à prendre les armes, et offrit à Catherine sa dragonne pour orner son épée. Bientôt rival d'Orloff, il fit, pour sa souveraine, tout ce qu'une passion romanesque peut inspirer; il se créva l'œil pour s'enlever une tache qui diminuait sa beauté. Banni par son rival, il courut chercher la mort dans les combats, et rencontra la gloire. Amant heureux, il se débarrassa promptement de ce rôle imposteur, dont le dénouement lui offrait pour perspective une disgrâce obscure. Il donna lui-même des favoris à sa maîtresse, et devint son confident, son ami, son général, et son ministre.

» Panin était le chef du conseil, et tenait à l'alliance de la Prusse. Potemkin persuada à sa maîtresse que l'amitié de l'empereur lui serait plus utile pour réaliser ses projets contre les Turcs. Il la lia avec Joseph II, et se donna par là le moyen de conquérir la Crimée et le pays des Tartares-Nogays qui en dépendait. Rendant à ces contrées leurs noms antiques et sonores, créant une armée navale à Kerson et à Sevastopol, il persuada à Catherine de venir admirer elle-même ce nouveau théâtre de sa gloire. Rien ne fut épargné pour rendre ce voyage à jamais célèbre. De toutes les parties de l'empire on fit venir de l'argent, des vivres, des chevaux; les grands chemins furent illuminés; on couvrit le Boristhène de galères magnifiques; cent cinquante mille soldats furent armés et équipés à neuf; on rassembla les Cosaques, on disciplina les Tartares, on peupla précisément des déserts; on éleva partout des palais. La nudité des plaines de la Crimée fut déguisée par des villages bâtis exprès; on l'orna par des feux d'artifice, des chaînes de montagnes furent illuminées, de belles routes furent ouvertes par l'armée, des bois sauvages furent transformés en jardins Anglais. Le roi de Pologne vint rendre hommage à celle qui l'avait couronné, et qui depuis le détrôna. L'empereur Joseph II vint, lui-même, accompagner la marche triomphale de l'impératrice Catherine; et le résultat de ce brillant voyage fut une nouvelle guerre, que les Anglais et les Prussiens firent impolitiquement entreprendre aux Turcs, et qui servit encore l'ambition de Potemkin, en lui donnant l'occasion de conquérir Oczakoff, qui resta à la Russie, et d'obtenir le grand cordon de Saint-Georges, seule décoration qui manquait à sa vanité. Mais ces derniers triomphes furent le terme de sa vie. Il mourut presque subitement; et sa mort regrettée par ses nièces et par un petit nombre d'amis, n'occupa que ses rivaux avides de partager ses dépouilles, et fut bientôt suivie de l'oubli le plus profond.

» Comme on voit passer rapidement ces météores brillants, dont l'éclat étonne, mais n'a rien de solide, Potemkin commença tout, n'acheva rien, dérangea les finances, désorganisa l'armée, dépeupla son pays, et l'enrichit de nouveaux déserts. La célébrité de l'impératrice s'est accrue par ses conquêtes; l'admiration fut pour elle, et la haine pour son ministre. La

postérité, plus juste, partagera peut-être entre
eux la gloire des succès, et la sévérité des reproches; elle ne donnera point à Potemkin le
titre de grand homme, mais elle le citera comme
un homme extraordinaire; et si l'on veut le
peindre avec vérité, on pourra le représenter
comme le véritable emblême, comme une image
vivante de l'empire de Russie.

« Il était en effet colossal comme la Russie; il
rassemblait, comme elle, dans son esprit, de la
culture et des déserts. On y voyait aussi de l'A-
siatique, de l'Européen, du Tartare et du Kosak; la grossièreté du onzième siècle, et la
corruption du dix-huitième; la superficie des
arts, et l'ignorance des cloîtres; l'extérieur de
la civilisasion, et beaucoup de traces de barbarie. Enfin même, si l'on ose le dire, son œil
ouvert, son œil fermé rappelaient encore cette
mer noire toujours ouverte, et cette mer du
Nord si long-temps fermée par les glaces.

« Ce portrait peut paraître gigantesque;
ceux qui ont connu Potemkin en attesteront la
vérité : cet homme avait de grands défauts, mais
sans eux, peut-être, il n'eût dominé ni sa souveraine, ni son pays. Le hasard le fit précisément tel qu'il devait être pour conserver si long-

temps son pouvoir sur une femme aussi extraordinaire *a*). »

Après être demeuré deux ans à l'École militaire,
j'en sortis avec le brevet de lieutenant, à l'époque
où Catherine, pour récompenser les services de
M. de Richelieu, lui donna un régiment de cuirassiers et le chargea d'une mission pour le prince
de Condé, alors à Coblentz. Quoique je fusse
seulement dans ma treizième année j'étais assez
formé pour soutenir les fatigues d'un long voyage,
et je mis tant d'ardeur dans mes instances, que
mon bienfaiteur, cédant à mes prières, consentit
à m'emmener avec lui.

L'empereur Léopold venait de mourir (*a*),
Gustave III avait été assassiné (*b*) au moment où
il fomentait une ligue continentale contre
la France, et le pape, se croyant encore au
treizième siécle, ne douta pas qu'il ne pût anéantir la révolution, en fulminant des foudres spi-
rituelles contre ses auteurs. Il déclara schisma-
tiques tous ceux qui reconnaîtraient les décrets
de l'assemblée constituante; et au lieu de l'intimider par cette mesure surannée, sa sainteté
lui fournit un pretexte pour s'emparer d'Avignon

(*a*) Ici est interrompu l'extrait des Mémoires inédits.
(*b*) Le 1er mars 1792.
(*c*) Le 16 mars 1792.

et du comtat Venaissain. Pie VI était pourtant un homme éclairé; mais telle est sur le pouvoir l'influence des préjugés, qu'ils l'aveuglent au point de confondre les temps, et de le faire se croire inattaquable parce qu'il a long-temps exercé une domination consacrée par l'usage.

Les émigrés eux-mêmes, trompés par leurs vœux, publiaient avec jactance de vigoureuses déclamations, dans lesquelles ils représentaient la conquête de la France comme une entreprise aussi facile dans son exécution que glorieuse dans son but. Ces légions de héros, qui depuis ont imposé des lois au reste du monde, étaient qualifiées par eux de *milice faible par indiscipline et découragée par le remords*. Séduit par ces rapports mensongers, le roi de Prusse adopta avec enthousiasme des espérances qui flattaient son âme généreuse, et bien que son entreprise fût romanesque, du moins le motif en était noble, puisqu'en respectant l'indépendance du royaume, il ne voulait que relever le trône des Bourbons. Malheureusement l'Autriche vint mêler sa honteuse ambition aux vues chevaleresques de Frédéric-Guillaume; et c'est à cette puissance, l'éternelle ennemie de la gloire et de la civilisation, que l'on doit attribuer les maux qui ont pesé sur l'Europe.

13

De tous les souverains dont s'honore la France, Louis XVI est, sans contredit, le plus vertueux et le plus sincèrement animé du désir du bien public, en y comprenant même Louis IX, Louis XII et Henri IV. Cependant c'est celui dont le règne, abreuvé d'outrages, rappelle le plus de fautes; parce qu'entouré de ministres inhabiles ou corrompus, il a constamment été abusé par des hommes intéressés à le tromper, afin de conserver plus long-temps les rênes de l'état. Pendant qu'il sut maintenir dans son conseil Turgot et Malesherbes, les actes de ces vertueux citoyens lui concilièrent l'affection de ses peuples; et quoique son âme n'eût besoin d'aucune inspiration pour concevoir le bien, c'est pourtant à la courte durée de leur administration que l'on rapporte toutes les améliorations qui eurent lieu (a) dans le premier temps de son avénement.

(a) *Rivarol*, ce champion du pouvoir absolu, qui ne combattit la raison qu'avec des quolibets, a osé dire, en parlant de Louis XVI, *qu'il n'a jamais été dans le secret de son existence ; que son premier travail, en montant sur le trône, fût avec son maître serrurier, et sa première ordonnance, une ordonnance sur les lapins*....... Ce langage, dans la bouche d'un de ces hommes qui se prétendent exclusivement *purs*, serait inconvenant en parlant du roi martyr, alors même que les faits seraient vrais. La fausseté de son assertion le rend encore plus odieux. Il suffit de lui opposer les belles pages des *Châ-*

C'est ce bon prince qui rendit l'état civil aux protestants, malgré les réclamations fanatiques de l'assemblée des évêques, dont la violence servit ensuite de modèle aux décrets révolutionnaires ; tant il est vrai que les passions empruntent toujours le même langage, soit qu'elles se parent de la religion ou de la liberté.

Il abolit le droit d'aubaine, la peine de mort pour les soldats déserteurs, la torture et la question préparatoire ; il créa les administrations provinciales et prépara, par ses réformes, cette révolution désirée, qui eût toujours été pure si d'abjects courtisans, uniquement dominés par l'intérêt personnel, n'avaient mis tous leurs soins à le faire se méfier de lui-même en calomniant son bon sens, sa piété, ses mœurs et ses vues philautropiques. Avec plus de confiance en ses propres lumières il aurait eu plus de fermeté, et sa malheureuse timidité n'aurait point paru de la fourberie à ceux qui, ne pouvant croire qu'un roi jeune et absolu voulût sincèrement mettre des bornes au pouvoir de la cou-

teaubriand et des *Montlosier*, sur cette royale victime, pour se convaincre que ce n'est point dans les rangs des absolutistes que les rois peuvent espérer de trouver des défenseurs et des amis. La liberté inspire des sentiments dévoués, mais le despotisme ne fait que des ingrats et des esclaves.

ronne, commencèrent par affaiblir son autorité afin de la détruire avec moins de danger.

Lorsque le duc de Richelieu arriva à Coblentz, ce fameux manifeste, plus digne d'un lieutenant d'Attila que du duc de Brunswick, venait de paraître. Les menaces furibondes qu'il contenait furent le signal d'un armement général de tous les Français, et le prétexte de l'explosion terrible qui changea la malheureuse France en une arène ensanglantée. Si les alliés avaient montré le désir de soutenir le parti constitutionnel, ils auraient pu être secondés par la majorité de la nation; mais en l'enveloppant toute entière dans la proscription universelle qu'ils avaient annoncée, ils la soulevèrent contre eux; et hâtèrent la chute du trône.

La situation de Louis XVI devenant chaque jour plus critique depuis son arrestation à Varennes, le vertueux duc de Liancourt, dont la vie a été une suite non interrompue de bonnes actions, voulut le sauver, en l'amenant en Normandie où il commandait des régiments dévoués, et l'embarquer ensuite sur un voilier d'Ostende qu'il avait préparé; mais ce prince infortuné, nourri, comme tous les rois absolus, dans la pensée que l'autorité royale étant de droit divin, et par conséquent indestructible, le ciel la protégerait contre les inepties de cette autorité même, dédaigna tous les secours humains, se mit sous la protection *du Sacré Cœur*; et ainsi garanti, il refusa de fuir!!!

La retraite des Prussiens et les succès des armées républicaines excitèrent l'enthousiasme national et mirent le comble aux succès des Jacobins, qui, pour signaler leur triomphe, osèrent flétrir le peuple français de l'assassinat juridique de son roi. Ce fut à cette époque que le duc de Richelieu proposa au prince de Condé, de la part de Catherine II, tous les pays qui bordent la mer d'Asoff, pour y établir une colonie où tous les émigrés se seraient retirés; mais la nouvelle coalition releva leurs espérances, et ce projet n'eut pas d'exécution.

Cependant la campagne de 1793 commença d'abord par des revers du côté des Français, mais ils rappelèrent aussitôt la victoire sous leurs drapeaux; et l'on vit sortir de leurs rangs des hommes jusqu'alors inconnus, dont les noms illustrés devinrent ensuite l'orgueil de la patrie, et l'exemple des peuples défenseurs de leurs droits. Ne pouvant pas les vaincre, les confédérés essayèrent de les corrompre par des promesses ou de les intimider par d'injustes reproches.

13*

Les républicains répondirent par de nouveaux triomphes aux déclamations de leurs ennemis, et se justifièrent aux yeux du monde en montrant à la tête de leurs légions un prince du sang de Henri IV ; jeune encore, il se consolait par la gloire des malheurs de sa race, dont il augmenta l'éclat par son amour pour la France et pour la liberté.

Le duc de Richelieu fit d'abord un voyage en Angleterre, et combattit ensuite devant Valenciennes, dans l'armée du duc d'York, jusqu'au moment où la conduite des alliés le convainquit que leurs projets étaient moins dans l'intérêt des Bourbons, que le démembrement du royaume : alors il abandonna cette cause déloyale, et reprit le chemin de la Russie. Quelques jours après notre départ, le duc d'York s'empara de Valenciennes, mais il fut battu à Hondschoote par Houchard, et ensuite poursuivi jusqu'à ses vaisseaux par Pichegru.

Nous nous arrêtâmes à Vienne pour voir la duchesse de Polignac, qui s'y était retirée avec sa famille ; car le duc de Richelieu s'honorait d'admirer cette femme héroïque, qui sut connaître l'amitié au milieu de la cour, et dont le fidèle dévouement à une reine infortunée est son plus beau titre à l'estime de la postérité.

(151)

Les malheurs de madame de Polignac avaient,
à cette époque, affaibli l'éclat de sa beauté ;
mais cette physionomie, pleine d'esprit et de
douceur, qui laissait entièrement échapper son
âme, avait encore toute sa grâce. Égale sans
affectation, dévouée sans jalousie, dépourvue
d'ambition, contente de tout le monde, on se
rappelait, en la voyant, le mot charmant de
Marie-Antoinette, qui peignait si bien deux
cœurs créés pour être unis.

Le comte Jules (a) fut de tous ses enfants
celui que j'aimai le plus vite, peut-être parce
qu'il est de mon âge ; mais aussi, bien certaine-
ment, parce qu'il ressemble parfaitement à la
duchesse ; et quoiqu'il languisse maintenant sous
les verroux de la tyrannie, aussi résigné dans
l'infortune qu'il serait modeste au faîte des grandeurs, il montrera dans toutes les positions
l'exemple, malheureusement trop rare, d'un
homme religieux sans superstition et fidèle sans
intolérance.

Pendant que nous étions encore à Vienne, le
duc de Richelieu reçut de la princesse Lubo-
mirska l'invitation d'aller passer quelques jours
auprès d'elle à sa terre de Lanzut, située en

(a) Aujourd'hui prince de Polignac, ambassadeur
du roi près la cour d'Angleterre.

Gallicie, et qu'une hospitalité généreuse envers des Français malheureux a depuis rendue si célèbre. Le château était habité par la princesse, son neveu le prince Henry, et quelques émigrés infirmes, parmi lesquels je remarquai l'abbé Sabatier, déjà connu par la grâce de ses vers impromptus. Ses opinions littéraires tenaient assez généralement à des principes de secte qui l'empêchèrent toujours d'être équitable envers les écrivains philosophes ; cependant, quand il savait s'affranchir de ses préventions, il causait avec toute la supériorité d'un savant qui a du goût et l'usage du monde.

Le désir de mériter l'affection de M. de Richelieu suppléait à ma jeune intelligence, et j'apprenais facilement pour lui plaire, ce qui, dans un âge plus avancé, aurait été pour d'autres une étude pénible ; tant il est vrai que là où le cœur peut se mêler, l'esprit est toujours suffisant. L'entretien de l'abbé Sabatier développa mes idées, et me donna la confiance de les hasarder en présence de la princesse, dont l'indulgence m'excitait à penser et à m'élever jusqu'à elle.

En parcourant les jardins de Lanzut, on se croit transporté sous le beau ciel de l'Italie, par le goût et la magnificence avec lesquels on y a réuni toutes les productions de ces contrées. Le château renferme, en outre, une vaste collection de tableaux, d'autant plus précieuse, qu'elle est toute composée d'ouvrages offerts par des artistes, en reconnaissance des soins qu'ils ont reçus dans cette maison. La bibliothèque et le cabinet d'histoire naturelle sont aussi fort riches, et je pus, durant les journées rapides que je passai à Lanzut, sinon acquérir de la science, du moins apprendre à l'aimer.

Je me livrais à l'espérance d'y demeurer encore, au moment où M. de Richelieu apprit l'arrivée de Monsieur, comte d'Artois, à Pétersbourg. S. A. R. daigna lui écrire elle-même, pour l'engager à revenir, et nous partîmes le jour suivant. Je m'éloignai de Lanzut avec cette vivacité de regrets que nous éprouvons dans la jeunesse, même à l'égard de nos simples connaissances quand nous les quittons pour toujours. En traversant la Pologne je fis cette triste remarque, que les pays les plus libres en apparence ne sont pas ordinairement les plus heureux. Indépendant des factions qui accablaient ce royaume, ses lois étaient toutes au profit des grands; et tandis qu'ils s'abandonnaient aux rafinements du luxe, les paysans opprimés par les institutions, étaient en proie à la plus affreuse misère ; l'usage des gens du peuples est d'embrasser les genoux de ceux qu'ils croient au-dessus d'eux , et cette manière servile de saluer, jointe à l'expression de tristesse qui domine leur phisionomie, fait dans l'âme un pénible contraste avec l'habitude où l'on est de croire les républiques plus favorables que les monarchies aux bienfaits de la liberté.

En arrivant à la cour de Catherine, nous la trouvâmes divisée en deux partis qu'il fallait également ménager, par intérêt et par prudence. Celui des Woronzoff, paré du nom du grand duc (*depuis Paul I*^{er}.), mais que lui-même avait la sagesse de ne point avouer ; et l'autre, ayant pour chef Platon Zouboff, amant de l'impératrice, à qui l'on devait paraître servilement soumis pour obtenir la bienveillance de cette princesse. Le duc de Richelieu dédaigna de s'abaisser à cet excès de honte ; et pourtant, cédant à l'ascendant qu'exerce toujours une vertu sincère, la grande Catherine continua à le voir avec le même plaisir, quoiqu'elle ne traitât pas également bien les autres émigrés. Il est vrai qu'ils justifiaient eux-mêmes la conduite de l'impératrice à leur égard, les uns par leur bassesse, et les autres par l'arrogance de leurs prétentions.

M. de Calonne, si connu en France par son audacieuse vanité, voulut affecter, en Russie, le même oubli des convenances ; il osa même se faire attendre un jour que la souveraine l'avait invité à dîner à Czarsko-Zelo ; mais il en fut puni par un affront d'autant plus humiliant, qu'il le reçut en présence de toute la cour.

Tandis que le comte d'Artois enlevait les cœurs par cette grâce chevaleresque que rien ne peut imiter, l'emportement de l'évêque d'Arras (a) qui l'accompagnait, en détruisait le charme, et semblait ne se manifester aux regards étonnés qu'afin d'arrêter l'entraînement que produisaient, autour du royal voyageur, ses manières séduisantes. Aussi Catherine reçut le prince avec magnificence ; elle publia des manifestes contre la Convention nationale, fit des démonstrations hostiles, donna des ordres à son escadre, mais ses efforts se bornèrent à des promesses.

Intéressé à mon sort par la singularité de mes aventures, le comte d'Artois permit que je lui fusse présenté, et il daigna parler de moi à Catherine avec tant de bonté, que cette princesse voulût me voir et m'admit aux honneurs de la

____

(a) M. de Conzie.

présentation. On sait tout ce qui se pratique à Pétersbourg à l'occasion de cette cérémonie, objet des souhaits de tous les courtisans ; moi je n'y attachais de prix qu'afin de suivre le duc de Richelieu aux cercles de la cour et pouvoir ainsi être plus souvent avec lui. Cependant lorsque la souveraine s'arrêta pour me parler, pendant que, que selon l'usage, j'avais fléchi le genou, pour lui baiser la main, j'entendis qu'elle disait me trouver assez bien ; quoique je me piquasse d'être modeste, cet encouragement me donna de l'assurance ; je répondis à ses questions de manière à la satisfaire ; et elle dit au duc de Richelieu, que je pourrais être des voyages de Czarsko-Zelo. Cette marque de protection attira vers moi tous les ambitieux, qui, me croyant déjà sur les marches du trône, s'empressaient d'honorer ma faveur naissante, afin de partager les grâces qui devaient en dépendre. Ceux du parti des Woronzoff, me regardant comme propre à supplanter Platon Zouboff, formaient sur ma future élévation des espérances qui prouvaient toute leur corruption.

Dans le nombre de ces intriguans, il y avait un jésuite polonais nommé Pignerki, dont la tolérance était parfaitement conforme aux doctrines accommodantes qu'on attribue à la véné-

rable compagnie. Mon éducation et les exemples
de M. de Richelieu, m'avaient donné pour le
vice l'éloignement qu'inspire toujours la foi
chrétienne quand elle est sincère ; cependant,
les raisonnements embrouillés de ce moine me
laissaient une impression fâcheuse, et il m'était
assez difficile de la combattre lorsque je l'en-
tendais me dire d'un air hypocrite, et avec l'ac-
cent de la béatitude : qu'il m'était *permis de
m'abandonner à mes penchants, pourvu que
je dirigeasse mon esprit vers le ciel, afin que
l'âme ne participât aucunement aux souillures
corporelles.*

Quelques années plus tard je le rencontrai
de nouveau ; mais alors il était uni avec les Zouboff contre l'empereur Paul Ier. . . . . Toujours
armé d'un sophisme ascétique pour défendre
ses complots ténébreux, il osa me proposer de
le seconder, et il eut sans doute grande pitié de
ma candeur gothique quand je lui parlai de mes
serments ; il déroba pourtant sa pensée et m'assura
que je devais non-seulement désirer la mort de
l'empereur ou au moins sa déchéance, mais que
mon dévouement m'imposait même l'obligation
d'y contribuer dans l'intérêt de son salut, qui
était fort compromis par la marche de sa politique !. . . . . . . (33)

La princesse Daschkoff, si connue par la révolution de 1762, dont les intrigues, l'ambition et le courage contribuèrent à la chute de Pierre III, était de la maison de Woronzoff; et quoiqu'elle fût la plus intime confidente de Catherine, elle se souvenait de ses services avec trop de hauteur pour n'être pas humiliée du crédit de Platon. Elle adopta, comme tous les membres de sa famille, le projet de me substituer au favori; et afin de me rendre digne du rôle honteux qui m'était destiné, je fus admis dans son intimité.

Elle avait, à cette époque, plus de cinquante ans; mais les soins qu'elle donnait aux débris de sa beauté, la faisaient paraître moins âgée. Les sciences, les arts, la littérature, les plaisirs et l'intrigue remplissaient sa vie. Passant tour à tour d'un voluptueux boudoir à la présidence de l'académie, on la voyait étonner les savants par son éloquence, et tromper les peuples par le zèle qu'elle mettait à ne permettre aux journaux de la Russie que les seules opinions de l'autocratrice. C'est ainsi qu'elle se consolait de n'avoir pu obtenir pour elle un ministère, avec le commandement d'un régiment des gardes, et le poste de favori pour son fils. Une telle femme ne pouvait pas me séduire; mais comme il suffit

trop souvent, pour perdre un jeune homme,
de lui dérober l'abîme sous un voile éclatant;
elle m'aurait abusé peut-être en faisant briller
à mes yeux les hochets du pouvoir, si ma confiance en M. de Richelieu n'avait été ma sauve-
garde. Il lisait dans toute mes pensées, et en
voyant combien mon âme était facile, il voulut
m'arracher à tous ces dangers.

Après avoir obtenu la permission de voyager,
nous partîmes pour Berlin. Parmi les personnes
distinguées qui vivaient à la cour, je remarquai
avec une attention particulière la célèbre baronne de Krudner, alors âgée de vingt-huit
ans, et conservant encore tout l'éclat de sa
beauté : une physionomie ravissante et remplie
de sensibilité, un esprit varié, une taille parfaite, justifiaient en quelque sorte l'événement
tragique qui venait d'ajouter à sa renommée, et
qu'elle a consigné depuis dans son roman de
Valerie, dont elle est l'héroïne.

Des chagrins domestiques avaient donné à ses
idées une direction religieuse, et fait naître en
elle des dispositions au mysticisme, que ses relations avec Yung Stilling ont développées depuis.
Je rencontrai chez elle cet homme singulier,
dont la piété bizarre faisait déjà beaucoup de
bruit en Allemagne; car il venait de publier un

ouvrage en faveur des revenants, dans lequel il essaie de démontrer le commerce des esprits avec le monde sublunaire. Il me dit avoir reconnu dans l'apocalypse la prédiction de la révolution française, et me promit, avec certitude, que je verrais une apparition visible de Jésus-Christ avant l'année 1836.

Madame de Krudner habite maintenant, avec Stilling, la ville de Heydelberg, et se montre son adepte la plus zélée : la vie actuelle de cette femme extraordinaire est une noble expiation de ses erreurs passées, puisqu'elle la consacre au soulagement de toutes les infortunes. Elle s'annonce comme une envoyée de Dieu, communiquant avec les intelligences supérieures et favorisée du don de prophétie (34).

Je n'oserais pas me permettre de justifier les visions de madame de Krudner ni ceux qui les ont partagées ; mais il me semble que ce serait manquer de respect à la Providence que d'en nier la possibilité. Sans parler de la grande révélation du Christianisme, quel est celui de nous qui n'a pas senti dans le malheur quelques-unes de ces communications de l'âme avec son créateur ? Les consolations d'une bonne conscience, le regret de nos fautes, l'espérance, la résignation, tout cela n'est-il pas un éclair de

la céleste intelligence, qui se manifeste comme
pour nous préserver du désespoir et de la mort ?
Laissons donc à ceux qu'un cœur desséche ré-
duit à ne voir partout que du calcul, laissons-
leur le triste plaisir d'être moqueurs faute de
sentir, et soyons abusés plutôt que de restreindre
la puissance de l'Être infini.

L'état d'extase dont on se moque quand il est
le résultat de l'exaltation religieuse, et qui paraît moins ridicule dans le magnétisme ou autour du banquet de Mesmer, présente pourtant
un phénomène assez remarquable pour fixer
l'attention de la physiologie. L'historien qui
explique les événements et le médecin qui se
consacre à l'art de guérir doivent connaître les
hommes; et pour les bien connaître, il semble
qu'il faudrait étudier leur organisation, afin de
pouvoir indiquer les causes morales ou physiques d'un état qui a exercé une si grande influence sur l'espèce humaine à toutes les époques
de l'histoire.

Nous vîmes également, à Berlin, le fameux
abbé Sieyes, ce métaphysicien politique, qui,
par son obscurité même, s'était acquis une réputation de profondeur. L'effronterie de sa
présomption l'avait conduit à faire adopter
cette opinion comme incontestable par des

14*

ignorants, sans esprit, auprès de qui les paroles abstraites sont toujours des oracles, et l'excès de la vanité l'intime conviction du génie. Les progrès que les idées révolutionnaires avaient fait en Europe, valurent à ce janséniste de l'égalité un accueil plein de bienveillance de la part des savants de la Prusse; et la cour elle-même qui avait appris, par les triomphes de la république, à ne pas se confier trop aveuglément à sa propre fortune, le traitait ostensiblement de manière à satisfaire son orgueil; mais les émigrés français, dont rien ne pouvait guérir la fougueuse irritation, lui montraient un mépris qu'il savait leur rendre avec assez de dignité.

En partant de Berlin, nous visitâmes Hambourg et Altona. M. de Richelieu reconnut dans cette dernière ville l'auteur d'*Adèle et Théodore*, qui, logeant comme nous à l'auberge de Plock, vivait ignorée, sous le nom de mis Clarke, au milieu de gens d'autant plus éloignés de soupçonner sa brillante renommée, que son entretien détourne d'elle l'attention des gens ordinaires. Mais quand on sait admirer la plus haute supériorité, relevée par le charme du naturel et de la simplicité, on convient que cette femme célèbre est encore plus étonnante par sa conversation que par les ouvrages qui l'ont placée, dans l'opinion publique, immédiatement après la moderne Sapho (a). On regrette néanmoins de lui voir, contre de beaux génies, un zèle religieux dont l'âpreté semblerait être de la jalousie, si la générosité de son caractère et d'éclatants succès permettaient une telle supposition. Le duc de Richelieu, qui passait pour un marchand de Riga, ne se fit point connaître ; il respecta l'incognito de son illustre compatriote ; et après avoir parcouru le Holstein, nous arrivâmes à Copenhague.

Le Danemark, immortalisé par la conquête du valeureux Odin, présente un vaste champ aux observations du philosophe, du politique et du poète. *C'est là*, dit Montesquieu, *qu'ont été forgés les instruments avec lesquels la liberté brisa les fers du despotisme.* Et pourtant ce sont les fils de ces Scandinaves, si jaloux de leurs droits, qui en firent l'abandon volontaire en faveur d'un despote, dont l'autorité absolue n'a d'autres bornes que sa volonté. Il est vrai que depuis l'époque où s'opéra cette révolution remarquable, ils ont trouvé, dans la bonté paternelle de leurs maîtres, des garanties que ne leur offrait pas toujours la législation écrite,

____

(a) Madame de Staël-Holstein.

souvent impuissante contre les hommes du pouvoir.

Le système religieux des Scandinaves est très-favorable aux développements poétiques, parce que l'amour et la passion de la guerre sont le fond principal de leur mythologie. L'*Edda* a fourni le sujet de plusieurs épopées, qui, malgré les défauts qu'on leur reproche, méritent pourtant une grande estime par des beautés d'un ordre supérieur. La mélancolie est habituelle aux Scaldes comme aux Bardes écossais; la longueur des nuits, un climat rigoureux, le soleil qui apparaît à peine sans être enveloppé de nuages, donnèrent à leur imagination, naturellement rêveuse, une teinte sombre qui a dû influer sur leurs productions remplies de détails, dont le goût exercé des modernes peut difficilement s'accommoder.

Lors de l'introduction du christianisme dans le Nord, les Scaldes cessèrent de se faire entendre; et les habitants de la Scandinavie n'eurent point, comme les autres nations de l'Europe, les Troubadours que la chevalerie avait inspirés. Quelques légendes et des chroniques rimées, empreintes de la rouille monacale, furent les seuls écrits dont brillèrent leurs annales littéraires pendant la nuit du moyen âge; mais à l'époque de la réformation, le mouvement que ce grand événement donna à l'intelligence humaine, exerça sur ces peuples une heureuse influence, développa leur pensée, et la fit se porter vers l'étude des lettres et des sciences. Dès lors les Danois et les Suédois cultivèrent avec succès toutes les branches de la littérature, et les derniers, en particulier, se distinguèrent par l'éloquence de la tribune, surtout avant que l'usurpation de 1772 l'eût reduite à des formes convenues. Depuis la restauration de la liberté les noms des Hopken, des Tessin, des Scheffer, peuvent même être placés avec confiance au rang des plus renommés orateurs du parlement anglais et de l'assemblée constituante.

Après avoir séjourné quelque temps à la cour de Copenhague nous passâmes le Sund, et nous arrivâmes à Stokolm le jour même où le duc d'Orléans quittait cette ville. Le comte de Sparre, chancelier du royaume, raconta au duc de Richelieu que ce prince était dans la capitale depuis plusieurs jours, sans que personne en fût instruit, quand l'envoyé de France le reconnut au bal de la cour, dans une tribune élevée, destinée à recevoir les personnes étrangères à la maison du roi.

Le chancelier professait une haute admiration pour l'auguste héros de Jemmappe, et il aimait à la satisfaire en parlant du noble courage que ce prince opposait aux malheurs qui le poursuivaient sans relâche depuis son départ de France. Il s'était d'abord réfugié à Bremgarten, pour être à portée de sa sœur, qui demeurait au couvent de Sainte-Claire avec madame de Genlis ; mais il fut contraint de quitter cet asile, et de s'enfoncer au milieu des Alpes, seul, à pied, privé d'argent et demandant vainement l'hospitalité aux religieux du Saint-Gothard, qui, ne voyant dans son généreux patriotisme qu'une rébellion contre leurs vieux préjugés, insultaient à sa pauvreté, et se refusèrent à son égard aux devoirs qu'ils exercent envers tous les voyageurs. Enfin, ses ressources étant totalement épuisées, il entre comme professeur, sous un nom supposé, au collège de Richenau, où il enseigna pendant neuf mois l'histoire et les mathématiques, sans qu'on ait jamais soupçonné son auguste naissance ! Semblable à ces Athéniens prisonniers à Syracuse, qui durent leur délivrance à la muse de l'Attique, le petit-fils d'Henri IV détournait sa pensée des maux de la patrie en racontant les siècles de sa gloire, et après avoir fourni lui-même des sujets nouveaux

au burin de l'histoire, il en recevait en échange
de douces consolations, peut-être aussi des espérances..... Mais tandis qu'il jouissait avec
fierté du sentiment généreux qui l'avait porté
à préférer l'exil et la misère à la honte d'accepter les offres brillantes d'un ennemi de la France
(*l'archiduc Charles*), ses persécuteurs le poursuivaient encore au milieu de l'Helvétie, et le
forcèrent de s'en éloigner. Il traversa l'Allemagne, le Danemark, la Norwège, et alla visiter les mines de la Dalecarlie. Nous l'y suivîmes
bientôt, mais nous ne pûmes pas l'atteindre, et
nous apprîmes qu'il s'était embarqué pour les
États-Unis d'Amérique.

Nous nous reposâmes dans la ferme de *Mora*,
illustrée par le séjour du libérateur de la Suède,
quand il se fut évadé des prisons de Danem; et
traversant ensuite les montagnes de la Laponie,
nous vîmes les lieux où Maupertuis alla mesurer
un degré du méridien sous le cercle polaire.

Le comte de Sparre avait donné des lettres
au duc de Richelieu pour le président de la
province, qui, afin de nous faire fète, ordonna
la chasse de l'ourse, si renommée dans ces contrées. L'animal est attaqué à coups de hallebarde,
dans la caverne où il s'est réfugié, et quand il
est mort on célèbre sa défaite par des danses na-

tionales. Les rennes qui l'ont traînée jusqu'à la cabane où sa chair est partagée, deviennent sacrées, elles ne travaillent plus le reste de l'année, et tous ceux qui ont contribué à le tuer font entendre des chants de victoire pendant cinq jours. Après que l'ourse est mangée, sa peau est suspendue à un arbre, les femmes tirent, les yeux bandés, sur cette peau ; celle qui a pu l'atteindre est réputée la plus vertueuse et son mari le plus heureux.

Nous ne fîmes que traverser le pays des Samoïedes, et nous arrivâmes à Tobolks dans un traîneau tiré par des chiens. Ces animaux fournissent, avec les rennes, les postes de cette partie de l'empire Moskovite, dont les mœurs ressemblent à celles des sauvages de l'Amérique, qui n'est séparée de la Sybérie que par le détroit d'Anian.

J'avais vu quelquefois des aurores boréales ; mais le spectacle qu'elles présentent à Tobolks est véritablement ravissant, et dédommage, en quelque sorte, des horreurs de ce climat glacé. Les nuits les plus obscures sont éclairées de feux de mille formes et de mille couleurs, qui parcourent rapidement les cieux et viennent se réunir ensuite, sur le même point, en forme de couronne ; ils prennent toute sorte de figures, font des mouvements multipliés semblables à des évolutions militaires, ce qui fait croire aux habitants que ces phénomènes sont des armées rangées en bataille et planant dans les airs.

Il y avait à Tobolks peu d'exilés pour délits politiques, mais nous allâmes visiter la cabane où le maréchal de Munich avait passé les années de son exil. On sait que la cruelle Élisabeth ne lui accorda que douze sous par jour pour se nourrir avec sa famille, et qu'il y suppléait, lui, en donnant des leçons de géométrie, et sa femme en vendant du lait. Les vases qui contenaient ce lait et les instruments de mathématiques sont encore conservés avec respect dans la cabane où le maréchal mit un concierge après son retour à la cour impériale.

Durant le peu de jours que nous demeurâmes en Sybérie nous vîmes souvent un des exilés, le comte P...., qui, s'étant laissé ramener par le malheur à des idées religieuses, s'abandonnait, comme tous les libertins convertis, à cette piété de formules qui ne suppose pas toujours la religion du cœur. Imaginant que nos *ex voto* au grand saint Nicolas obtiendraient sa délivrance, il exigea que nous fissions, à cette intention , un pélerinage à une chapelle que les habitants de ces contrées ont élevée au protecteur de la Russie, comme un monument de ses

15

miracles. J'avoue que ma superbe raison s'indignait de sa confiance, et je m'en serais moqué si M. de Richelieu, par un regard sévère, ne m'avait rappelé à plus de décence. Car bien qu'il soit guidé par cette sage philosophie qui fait ne point confondre la crédulité avec la foi que nous devons aux vérités révélées, il respecte les croyances de chacun, et ne traite pas de superstition celles qui contribuent à adoucir nos maux ou à nous les faire supporter. Il se rendit aux vœux du comte ; et par un hasard assez remarquable, cet exilé, en rentrant dans sa cabane, y trouva l'ukase par lequel l'impératrice le rappelait à la cour. Il ne manqua point, comme on peut le croire, d'attribuer ce *miracle* aux amulettes dont il avait chargé le duc de Richelieu, qui parut, ainsi que moi, partager son opinion.

Nous voyageâmes dans l'intérieur de la Russie Méridionale jusqu'aux confins de l'Asie, et après avoir parcouru les régions éloignées de ce vaste empire, nous nous établîmes à Nowogorod, où était en garnison le régiment commandé par M. de Richelieu, dans lequel j'avais obtenu une compagnie.

Cette antique cité de Nowogorod était, dans le douzième siècle, une puissante république, unie par les liens d'une même liberté avec les villes Anséatiques ; riche, heureuse, jouissant de tous les bienfaits de la civilisation, sa population de six cent mille habitants la faisait respecter de tous ses voisins ; mais elle fit la faute d'invoquer l'appui du grand duc de Russie, et elle éprouva bientôt qu'un despote ne saurait jamais protéger un peuple libre. Après avoir subi toutes les usurpations de la puissance, elle fut subjuguée et réunie an grand empire par Jean Basilowits, qui y commit d'horribles cruautés.

A l'époque de sa gloire tous les citoyens se rendaient sur la place publique au son de la cloche dite des votants, pour y délibérer des intérêts de l'état. Basiwolits crut anéantir le souvenir de leur indépendance en faisant transporter la cloche à Moskou ; mais ce souvenir généreux était gravé dans leurs âmes, et la ville asservie dégénéra au point qu'on y compte à peine aujourd'hui quatre mille habitants. Les voyageurs qui vont à Moskou ne manquent pas de visiter avec respect la cloche des votants, comme si les sons de ce vieux témoin de la liberté, semblables à une voix éloquente, étaient destinés à exciter encore à la haine des tyrans.

Durant notre séjour à Nowogorod, le grand

duc Alexandre y fut envoyé par l'impératrice
pour passer la revue des troupes qui y étaient
stationnées ; il fut si satisfait du savoir et de la
modestie du duc de Richelieu, qu'il prit pour
lui une amitié qui ne s'est jamais démentie ; et
afin d'être à portée de le voir plus souvent, il
demanda que les cuirassiers se rapprochassent
de la capitale : dès lors il l'admit dans son intimité, et il l'a toujours traité avec la familiarité
d'un ami.

Cependant au moment où Catherine II, as-
surée par un traité du consentement de l'Angleterre et de l'Autriche, se voyait au moment
d'exécuter son projet le plus cher, celui de
chasser les barbares de l'Europe et de régner
dans Constantinople, ce fut alors que la mort
vint mettre un terme à sa gloire ; elle expira,
le 17 novembre 1796, des suites d'une apoplexie.

Le crime qui signala son avénement, a im-
primé sur sa vie une tache que l'éclat de son
règne ne pourra jamais effacer ! S'il était permis
pourtant de détourner la pensée de cet affreux
souvenir, on croirait devancer le jugement de
la postérité en la plaçant au rang des princes
qui ont su le mieux honorer le trône, non-seulement par les hauts faits dont elle à enrichi

ment un Français véritablement distingué, le
jeune Maxence de Damas (*a*), que la sagesse de
sa conduite et son amour pour l'étude faisaient
citer comme un jeune homme digne de servir
de modèle à tous les officiers. Il réunit aux plus
belles qualités des manières pleines de charme;
simple, naturel, aussi éloigné de la frivolité
que de la pédanterie, il peut, lorsqu'il est animé
par le désir de plaire ou par le besoin d'être
utile, traiter également de grands intérêts, et
descendre à de petits détails; noble, sincère,
capable de dévouement, il a dans l'esprit toute la
légèreté qui rend aimable, et dans le caractère,
toute la générosité qu'il faut pour être aimé;
je peux dire enfin que le jour où je le vis, pour
la première fois fait époque dans ma vie et
l'une des plus chères, puisqu'il contribua, par
son exemple, à me rendre meilleur.

L'héritier du trône des Tzars s'était attaché à
M. de Richelieu, plus intimement encore depuis sa disgrâce; il le recevait tous les jours chez
la grande duchesse; et au milieu d'un cercle
d'hommes choisis, ils discutaient les intérêts de
l'ordre social, et cherchaient les moyens de
travailler avec succès au bonheur des peuples.

(*a*) M. le baron de Damas, aujourd'hui ministre des
affaires étrangères.

Alexandre a toutes les vertus des grands rois:
philosophe éclairé, sa passion dominante est
l'amour de l'humanité; mais il a un penchant
au *mysticisme* qui pourrait un jour lui être funeste s'il se laissait surprendre par de certains
hommes, dont l'adresse consiste à abuser les
âmes généreuses, et à faire tourner leurs nobles
qualités au profit du despotisme.

Bonaparte ayant accordé une amnistie à tous
les émigrés, mon bienfaiteur voulut en profiter
pour revoir ses deux sœurs (*a*) et madame la
duchesse de Richelieu: j'aurais été heureux
d'être présenté à ces dames dont la vie, remplie
de vertus, excite d'autant plus de vénération,
que l'on n'a jamais pu leur reprocher un sentiment étranger aux devoirs austères qu'elles se
sont imposées. Le duc voulait bien consentir à
mon voyage; mais Alexandre désira que je de-
meurasse en Russie, et en manifestant sa volonté,
il le fit avec tant de grâce pour M. de Richelieu, que la douleur de notre séparation en fut
presque adoucie : il lui dit en l'embrassant,
qu'il ne me retenait à la cour qu'afin de ne
point le perdre tout entier. Ceux qui ont accusé

(*a*) Madame la marquise de Jumillac, mère duduc
de Richelieu actuel, et madame la marquise de Montcalm.

Alexandre de légèreté, ont pu être abusés par sa jeunesse, et la frivolité suite ordinaire des agréments qui le distinguent; mais quand on a été à même de voir comme il sait être fidèle aux nobles affections de l'âme, on demeure convaincu que son cœur égale son esprit, et la sûreté de son jugement.

Le duc de Richelieu profita de son séjour à Paris, pour acquitter les dettes de sa famille; il abandonna tous ses droits aux créanciers, et, s'oubliant toujours lui-même, il ne lui resta que de faibles débris de la fortune immense accumulée par son ayeul et par le cardinal. Bonaparte voulut le retenir auprès de lui en l'attachant à sa nouvelle puissance par d'éminentes dignités; mais fidèle à d'augustes malheurs, il dédaigna les offres du conquérant et leur préféra les devoirs de la reconnaissance.

Quelques années après, lorsque Napoléon se fit empereur, il voulut, pour avilir les grands seigneurs de l'ancienne cour, les avoir dans ses antichambres; et tous coururent à l'envi briguer cette déshonorante faveur. Il n'y en eut que deux qui osassent imiter l'exemple donné par le duc de Richelieu à toute la noblesse française : le général La Fayette et le marquis de Vaudreuil.

Le premier, malgré la reconnaissance qu'il devait au vainqueur d'Arcole (*a*), ne voulut point, par amour pour la liberté, s'attacher à un despote qui venait de l'asservir. Vaudreuil répondit à Fouché, qui lui transmettait sa nomination à *l'emploi* de chambelland, que son cœur dévoué aux Bourbons, et les serments qui l'attachaient à leur cause, ne lui permettant pas d'accepter la grâce que l'empereur daignait lui faire, il ne conspirerait jamais contre lui, mais qu'il ne se sentait aucune inclination pour le servir. Napoléon admira la noblesse de cette réponse, et s'écria en l'apprenant : que *M: de Vaudreuil était un vrai gentilhomme* (*b*), *le seul qu'il connût digne de ce titre.*

On les voit presque tous, en effet, les uns, être les laquais des épouses et des sœurs de Bonaparte, ou lui tenir l'étrier lorsqu'il monte à cheval ; et d'autres, la serviette sous le bras, servir à table les membres de cette famille, dont ils se montreraient les lâches détracteurs si elle venait à tomber.

(*a*) Lors des conférences de Leoben, qui furent la suite de la victoire d'Arcole, Bonaparte stipula la délivrance des prisonniers d'Olmutz.

(*b*) Voyez l'abbé de Mont-Gaillard, tom. 3, p. 334 et suivantes. Il faut ajouter à ces noms ceux de tous les membres de la famille de Damas, qui refusèrent la restitution des bois, plutôt que de servir Bonaparte.

Cependant il faut convenir que parmi les grands seigneurs qui ont ainsi abdiqué le juste orgueil de leur naissance, il en est que l'éclat de cinquante victoires a pu séduire, et ceux-là sont excusables, car le génie subjugue plus encore que la grandeur ! Mais que dire de ces courtisans (a) d'autrefois, parés de religion et de royalisme pour attaquer les libertés publiques, disputant entre eux de bassesses ou de servilité, et prosternés aux pieds de *l'usurpateur*, meurtrier d'un Bourbon (b), pour en obtenir des cordons et de l'or.... Il y aurait, certes, de

(a) J'espère qu'il n'est pas besoin d'observer qu'on ne veut désigner ici que *ceux* qui ont préféré la honte d'être les *domestiques* de celui que maintenant ils appellent l'usurpateur, à la gloire de s'associer aux triomphes de nos armées, ou de servir la Patrie dans quelqu'une des branches de l'administration qui constituent le gouvernement.

(b) M. de *Châteaubriand*, alors ministre en Suisse, envoya sa démission *motivée* aussitot après cet attentat; et ceux qui l'accusent aujourd'hui d'être *mauvais chrétien et royaliste douteux*, célébraient alors la magnanimité de l'homme de l'histoire. Il est digne d'attention que les plus illustres défenseurs de nos libertés, MM. *de Choiseul, Lainé, Hyde de Neuville, Royer-Collard, Labourdonnais, Alexis de Noailles Beaumont, Keratri*, etc., etc., ont constamment refusé de s'attacher à la puissance des gouvernements *usurpateurs*, et n'ont jamais cessé de combattre leur tyrannie........ Aussi ne peuvent-ils pas craindre la licence de la presse.......... Quant aux autres, le zèle qu'ils montrent contre les souvenirs du passé est dans la nature des choses. Une douzaine de serments et les colonnes accusatrices du *Moniteur*, depuis 1792 jusqu'à nos jours, l'expliquent suffisamment.

16

quoi désespérer du bon droit si, au lieu de s'ap-
puyer sur le vœu national , les fils de St. Louis
n'avaient que de tels auxiliaires pour relever
leur trône, ou pour le défendre quand les jours
de la restauration seront venus !.....

Le duc de Richelieu était encore à Paris,
quand une horrible catastrophe vint ensanglan-
ter de nouveau le palais des Tzars, et plonger
Alexandre dans la plus vive douleur. Son père
mourut à la suite d'un complot tramé par les
Zouboff, sous les auspices de l'Angleterre, qui
se fit représenter dans cette tragédie par lord
Witwort, son ambassadeur à Pétersbourg.

Paul Petrowits avait beaucoup d'esprit et des
connaissances fort étendues ; il était affable,
souvent même familier, et en même-temps hau-
tain et despote. L'inquisitive suggestion où Catherine l'avait soumis lui donna une humeur
inquiète qui le tourmentait autant qu'elle tourmentait les autres, puisqu'il se méfiait également
de l'impératrice Marie et des grands ducs. La
sévérité de ses mœurs et la corruption qui régnait à la cour de sa mère, lui inspirèrent un
mépris pour les hommes, qui, en le privant
des douceurs de la confiance , le rendit l'être le
plus malheureux de son empire; et bien qu'il ne
fût point méchant, la continuité de ses soupçons

l'entraîna souvent vers de criantes injustices.

Il accueillit d'abord avec horreur les principes de la révolution française, et dans son aveugle rage, il étendait son ressentiment sur les Français, même les plus opposés aux nouvelles idées. Cédant aux inspirations de son despotisme vindicatif plutôt qu'à l'espérance généreuse de relever le trône des Bourbons, il déclara la guerre à la France, se vantant avec jactance de faire planer incessamment ses aigles triomphantes sur les rives de la Seine. Cependant aussitot que Lecourbe et Masséna eurent anéanti ses armées, son goût pour la tyrannie lui fit deviner les vues liberticides de Napoléon; et passant de la haine à l'engoûment, il résolut de se liguer avec lui.

Tandis que Paul Ier rêvait l'empire du monde, le cabinet Britannique profitant du mécontentement des courtisans et de l'armée, rompit sa nouvelle alliance par son assassinat.

Lord Witwort trouva malheureusement des complices jusque dans le palais de l'empereur. Le comte Pahlen, gouverneur de Pétersbourg, fut choisi par les conjurés, comme le plus propre à diriger l'entreprise à cause des dehors de vertu dont il se paraît; car sa réputation de probité et une profonde dissimulation détournaient de lui tous les soupçons, malgré la persévérance avec laquelle il éloignait successivement de la personne du monarque tous ceux qu'il savait lui être dévoués. Ses intrigues et ses calomnies placèrent les grands ducs entre l'empereur et lui; il irrita le père contre les fils et les fils contre le père, au point que Paul 1er, livré à une terreur profonde, se croyant toujours au moment d'être massacré, céda à l'audacieuse proposition que lui fit Pahlen, d'ordonner l'arrestation d'Alexandre. Muni de cet ordre, l'infâme gouverneur court chez le grand duc et voulut lui persuader que la seule manière d'échapper aux vengeances du Tzar, c'était de consentir à ce qu'on le forçât à une abdication, sans attenter à sa vie.

L'héritier du trône opposa une vertueuse résistance aux perfides manœuvres du gouverneur, et il exigea même le serment formel qu'il ne serait fait aucune violence à son père; qu'on se contenterait de lui demander de souscrire l'abdication. Mais loin de se décourager, Pahlen feignit d'interpréter comme une autorisation suffisante la douleur que causait au grand duc la haine paternelle, et il se hâta d'assurer les conjurés que ce prince accepterait la couronne, et consentait à tout.

Trompant alors la vigilance des sentinelles, les auteurs du complot s'introduisent au nombre de soixante dans le palais Saint-Michel et pénètrent, au milieu de la nuit, dans l'appartement du tzar.

Platon Zouboff, dernier favori de Catherine, ose lui proposer une abdication ; d'après son refus, Nicolas, frère de Platon, porte une main régicide sur son maître, lui casse le bras droit, et ranime, par ce crime, l'audace de ses complices, qui s'étaient laissés d'abord attendrir. Tous frappent à la fois l'infortuné souverain, qui, pressé par le nombre, tombe accablé d'outrages. Argamakoff, son aide-de-camp, détache aussitôt l'écharpe de son grade, la passe au cou de l'empereur, et termine ainsi son supplice..... Il expira en prononçant deux fois le nom de Constantin, comme pour laisser à ce fils le soin de sa vengeance.

On essaya de faire croire au grand duc Alexandre que Paul était mort d'une apoplexie ; mais il devina l'affreuse vérité, refusa la couronne impériale, et tomba dans des convulsions qui durèrent plusieurs heures. Vaincu cependant par les instances de sa mère, de son frère, de toute la population de Pétersbourg, il consentit à s'asseoir sur ce trône, environné du souvenir de tant de crimes....!

Personne ne doute maintenant qu'Alexandre ne soit innocent de la mort de son père ; et c'est le seul crime qu'on lui reprochât, en l'accusant d'avoir donné son assentiment à l'abdication forcée : car l'on convient d'ailleurs, que si la fidélité imposée à chaque sujet envers même le souverain, violateur des lois de l'empire, est obligatoire pour les individus, il n'en est pas ainsi des nations, dont le premier devoir est de se conserver : il n'en est pas non plus ainsi de l'héritier d'un trône, compromis par des mesures funestes, puisqu'il se doit avant tout à la patrie. Paul Ier ne croyant pas son pouvoir assez absolu, voulut rompre par la tyrannie les seules barrières que l'équité naturelle mettait à son autorité : en (a) l'arrêtant dans sa marche usurpatrice, Alexandre consacra de nouveau cette ancienne vérité, *qu'on ne fatigue jamais impunément les libertés publiques;* et il acquit des droits incontestables à l'amour du peuple, dont il fait aujourd'hui le bonheur et la gloire.

(a) Tels sont les dangers du régime absolu, que la force et le succès justifient l'infraction aux plus saintes lois de la nature et de la justice....!

Le premier acte de son pouvoir fut de chasser de l'empire le comte Pahlen. Il adopta une politique opposée à celle de son prédécesseur; mais, selon l'esprit de Catherine II, révoqua les ordonnances oppressives, abolit la chancellerie secrète, réorganisa le sénat dirigeant, rappela tous les exilés, adoucit la censure, permit l'introduction des journaux et des livres étrangers, donna des priviléges au clergé, restitua ceux de la noblesse, et fit des règlements qui tendaient à l'affranchissement des serfs. Il fonda six académies et plusieurs colléges, propagea l'instruction populaire, et justifia par sa conduite toutes les espérances que ses vertus avaient annoncées.

Après avoir ainsi consacré les premiers jours de son règne aux soins de son empire, Alexandre se souvint des droits de l'amitié : il rappela le duc de Richelieu auprès de lui, et l'éleva au rang de lieutenant-général de ses armées. Quelque temps après il le nomma gouverneur militaire d'Odessa, qui n'était alors qu'une bourgade.

Les rapides succès de son administration déterminèrent l'empereur à lui donner un pouvoir absolu sur toute la nouvelle Russie, en lui conférant le gouvernement général civil et militaire de cette vaste contrée, et dès lors « ses soins, son activité, l'équité de ses règlements, et surtout la loyauté de son caractère, y ont fixé la confiance de toutes les nations commerçantes. Il a créé tout : établissements publics et particuliers, règlements de police, législation maritime, fidélité dans les transactions, sûreté dans les relations sociales, établissements religieux pour les différents cultes, écoles d'instruction, théâtres ; il embrasse tout dans son infatigable sollicitude : et c'est ainsi qu'il est parvenu à faire, en dix ans, d'une misérable bourgade une ville magnifique, dont toutes les rues, tirées au cordeau et plantées d'un double rang d'arbres, reçoivent chaque année de nouveaux embellissements par quelques-uns de ces établissements que les plus anciennes villes de l'Europe sont encore réduites à désirer pour l'utilité, la salubrité, l'instruction, les plaisirs et les agréments de la vie. On n'a qu'une seule négligence à lui reprocher, et M. de Richelieu peut seul en être coupable : il a laissé sa résidence telle qu'il l'avait trouvée lorsqu'Odessa n'était qu'une simple bourgade ; mais dans cette résidence il donne régulièrement quatre audiences par jour à tous les gens de la ville et de la campagne. On n'aura pas de peine à comprendre comment, dans une création subite et récente, il est nécessaire de prévenir toutes les discussions, et de régler tous les droits et toutes les prétentions. Il a réussi à prévenir tous les procès, en s'offrant lui-même pour être l'arbitre et le juge de tous les différents. Il est législateur d'un peuple nouveau qui vient se former, croître et se développer sous ses yeux; la confiance absolue qu'il a inspirée à tous les habitants de la nouvelle colonie, quoiqu'elle soit formée de vingt peuples divers, le laisse le maître de tout concilier, de tout régler. On se tromperait beaucoup si l'on supposait que son imagination, passionnée pour le bonheur des hommes, l'eût égaré dans de vaines théories, ou dans des systèmes d'une perfection chimérique. C'est toujours sur des calculs positifs, sur des connaissances locales, sur les usages et les mœurs de chacune des nations qui viennent vivre sous son gouvernement paternel, qu'il combine toutes les lois et tous les règlements. »

« La seule distraction qu'il se permet a tant de soins divers, c'est d'aller tous les jours passer deux heures à ce qu'il appelle en souriant, *son palais*. Ce *palais* est une petite maison de campagne, de cinq croisées de face, au milieu d'un enclos de quelques arpents, dont il a planté lui-même les arbres, qu'il cultive et taille de ses mains. C'est la seule propriété qu'ait jamais possédée l'héritier du cardinal de Richelieu...!

« Il porte la même activité dans toute l'étendue de son vaste gouvernement, et s'est attaché à favoriser la culture, en attirant sans cesse de nouveaux colons par la sagesse de ses actes, la douceur de son autorité, et en leur distribuant gratuitement des terres. Ces terres incultes, depuis près de deux mille ans, n'attendaient que des bras et une administration paternelle. On vit tout-à-coup sortir d'immenses récoltes de cette terre encore neuve et vierge ; et voilà l'origine de ces bleds d'Odessa, qui peuvent devenir une ressource si précieuse dans les temps de malheur et de disette. Le port de la cité nouvelle leur offre le débouché le plus commode et le plus assuré. L'empereur Alexandre voit du haut de son trône s'ouvrir, aux extrémités de son empire, de nouvelles sources de richesses pour ses états, et de bonheur pour ses sujets ; il jouit, avec une sorte d'amour-propre, des succès de M. de Richelieu, et s'applaudit de l'heureuse inspiration qui l'a porté à donner, à cette partie de son empire, le gouverneur le plus digne de représenter, pour ainsi dire, son âme et sa bonté paternelle.

« On peut tracer, en une seule ligne, l'histoire de l'administration de M. de Richelieu : il a vu en dix ans la population d'Odessa s'élever de cinq mille âmes à trente-cinq mille, et celle de son gouvernement s'accroître d'un million d'individus.

« L'amitié de M. le duc de Richelieu m'a mis à portée d'observer dans toute leur pureté, et si je puis le dire, dans toute leur naïveté, les impressions de cette âme si transparente, qui n'a rien à dissimuler, parce qu'elle n'a rien à cacher ou à désavouer. Elle est la première à s'accuser elle-même, lorsqu'elle croit avoir l'apparence d'un tort à se reprocher. Sans doute j'y ai reconnu souvent l'expression de cette susceptibilité délicate qui ne peut être indifférente à de grandes injustices, mais jamais je n'y ai aperçu la trace d'aucun ressentiment personnel. Sûr de n'avoir pas mérité des ennemis, jamais il n'a cru en avoir; il serait le plus malheureux des hommes s'il eût donné à un seul le droit de l'être. Ses défauts même le rendent cher à ceux qui approchent en quelque sorte de sa conscience : ils tiennent tous à des vertus de l'ordre le plus élevé. La plus juste, la plus profonde reconnaissance est encore le plus faible des liens

qui m'attachent à cet homme si attachant (*a*) ».
Je l'aime non-seulement à cause de ses bienfaits,
mais encore parce que sa vie est un modèle vivant de toutes les vertus.

Quant à l'empereur Alexandre il connaît trop
bien les sentiments élevés du gouverneur général de la nouvelle Russie, pour croire pouvoir
payer ses services par des récompenses ordinaires. Il ne lui montre sa haute satisfaction
qu'en redoublant de bontés pour le pauvre or-
phelin qu'il a sauvé de la mort et de l'esclavage;
car si l'on me voit dans des grades élevés, dé-
coré d'ordres et de cordons, comblé de biens
et d'honneurs, ce n'est pas à cause de mon
mérite, c'est uniquement parce que je dois
l'existence, l'éducation et le bonheur à M. le
duc de Richelieu !

La nuit était presque tombée quand j'a-
chevai la lecture du manuscrit, et j'y voyais à
peine assez pour en lire les dernières lignes.
Nous nous empressâmes de rentrer au couvent

(*a*) Tout le passage guillemetté, est extrait de l'é-
loge de M. de Richelieu, par M. le cardinal de Beausset.

après être allés voir le comte d'Orsey, qui nous promit de continuer l'histoire d'Haslam-Ghéraï.

On se souvient qu'il l'avait interrompue au moment où le sultan, Orithie, Paulwits, Euphémie et Moudarin-Bey s'étaient réunis pour entendre la lecture du manuscrit qu'Iwan leur avait confié. Le lendemain nous nous rendîmes, comme les jours précédents, sur les ruines de l'*Orestéon*; le comte d'Orsey vint nous y joindre et il reprit ainsi son récit.

SUITE DU RÉCIT.

Après la lecture du manuscrit, Paulwits et Moudarin étant sortis pour aller à la chasse des loups dont le nombre est si considérable sur le Steppe qui avoisine Otschakoff, Haslam demeura seul avec Orithie............................ .... Ici le comte donne la description des rives de l'Hypanïs ; il raconte la guérison du duc de Richelieu, les fêtes et le tournoi, les succès d'Haslam, son amour pour Orithie ; voyage en Crimée ; description des lieux, des monuments et des lacs salés de Perekop. Détails historiques sur l'ancienne constitution de la Tauride, sa religion ses lois, sa langue, ses mœurs, et la dynastie des Khans qui l'a si long-temps gouvernée.

Le duc de Richelieu réunit toute la société dans sa terre de Yourzouff; on visite la source du Salhgir ; entretiens sur la langue, la littérature, la religion et les mœurs des Russes ; discussion sur les auteurs nationaux, analyse de leurs ouvrages. La peste d'Odessa se déclare ; terribles symptômes de cette maladie; le duc de Richelieu se renferme dans la ville désolée et se dévoue au salut des pestiférés; son admirable héroïsme; détails circonstanciés de cette époque. services du comte Louis de Rochechouart et de M. de Maisons. Le père Emery; village de la mission ; mœurs des chrétiens du Caucase. Prise d'Anapa par le duc de Richelieu, ses talents militaires, son administration, ses réglements, sa tolérance, sa bonté, son désintéressement, amour qu'on lui porte ; progrès de la colonie, les étrangers y abordent de toute part; eruption du volcan vaseux de Taman, sa description. Haslam épouse Orithie et est nommé aide-de-camp de l'empereur, etc, etc. *Voyez Haslam-Ghéraï annoncé* dans l'avertissement.

FIN.

NOTES.

J'ai annoncé dans l'avertissement que les notes étant trop nombreuses, je les réservais pour *Haslam*, me contentant d'en insérer seulement deux à la suite de l'extrait, celles sur *Rienzi* et *le prince Édouard*. J'ai substitué à la dernière celle sur les génies qui ont illustré l'Italie. J'indique dans la trente-quatrième les détails que je me propose de publier dans *Haslam*, sur les *Prophètes* et les *Prohétesses* qui illustrent ce siècle de lumières!!!....

NOTE 21.

Rienzi qui par, etc.

.... Jurons d'exterminer
Quiconque ainsi que lui prétendra gouverner,
Fût-ce nos propres fils, nos frères ou nos pères.
S'ils sont tyrans, Brutus, ils sont nos adversaires;
Un vrai républicain n'a pour père et pour fils,
Que la vertu, les dieux, les lois et son pays.

Voltaire.

Vincet amor patriæ.........

Virg., OEneis. 6.

Nicolas Gabrino était fils d'un nommé Lorenzo, d'où il prit le nom de *Rienzo* ou *Rienzi*, qui fut dès-lors celui de sa famille, attendu que les nobles seuls avaient à cette époque un nom patronimique.

Les heureuses dispositions qu'il montra dans les écoles, engagèrent son père à lui faire suivre ses études; il y fit de rapides progrès et devint bientot l'orateur le plus distingué de la nouvelle Rome.

Rienzi se lia d'une étroite amitié avec Pétrarque, lorsque ce grand poète vint se faire couronner au Capitole en 1340, et dans leur commun amour pour l'antiquité, ils s'enflammèrent mutuellement pour le gouvernement républicain. La malheureuse Rome, toujours fidèle à ses anciennes idées de liberté, a toujours essayé, depuis son asservissement, de briser ses chaines et de rétablir la république; elle crut le moment favorable à l'époque où le pape Clément VI, ayant acheté Avignon de la reine Jeanne, y transféra la cour pontificale.

Rome était accablée sous le poids de la tyrannie; les barons fortifiés dans leurs palais y exerçaient un horrible brigandage, et s'assuraient l'impunité par la force et la hardiesse. Rienzi commença à émouvoir le peuple contre ses tyrans par des tableaux allégoriques dont il donnait lui-même l'explication, et il finissait tous ses discours pleins d'entraînement et d'éloquence, par exhorter ses concitoyens à faire cesser les maux de la patrie et à établir ce qu'il appelait *le bon état*. Les lieux, les monumens, le fleuve même, tout à Rome est plein des souvenirs de la liberté, et il suffit de les voir pour y puiser la haine des tyrans.

Rienzi profitant de ces avantages rassembla, le 20 mai 1347, une foule innombrable, et après l'avoir excitée par un discours éloquent, il la conduisit au Capitole où il se fit décerner les titres de *tribun, sévère et clément libérateur de Rome, zèlateur de l'Italie, amateur de l'univers.*

Ces titres, pompeusement ridicules, lui furent accordés avec déférence tant qu'il sut en défendre la majesté par des actions glorieuses. Il forma une armée, rétablit l'ordre et la justice, força les barons à la soumission, fit de bonnes lois, et mérita d'abord la reconnaissance de la patrie. Il envoya des députés dans toute l'Italie, afin que tous les états imitassent l'exemple de Rome ; l'Europe briga son alliance, le prit pour médiateur dans les querelles survenues entre les princes, et il s'éleva au rang de roi des rois, par son éloquence, l'amour du peuple romain et son respect pour la liberté; mais dépravé par l'orgueil, il s'enivra de vanité, substitua une pompe théâtrale aux vertus qui l'avaient illustré, se montra lâche dans le danger, et croyant réparer ses fautes par la tyrannie, il s'environna des gibets du despotisme et fut abandonné de ses partisans. Fuyant au lieu de combattre, il alla demander un asile à Charles IV, roi de Bohême, qui, loin de lui accorder sa protection, le fit conduire à Avignon auprès du pape. L'intérêt qu'inspiraient ses talents et le dévoûment de Pétrarque le sauvèrent du supplice ; car ce grand poète ne crut pas devoir abandonner un ami parce qu'il était coupable et par conséquent plus malheureux, il plaida la cause de l'amitié avec l'éloquence du cœur et celle-là triomphe toujours.

Rienzi fut non-seulement rendu à la société, mais il recouvra ce pouvoir qui l'avait ébloui et qu'il perdit de nouveau par les crimes que lui fit commettre son orgueil insatiable. Assiégé dans le Capitole par une troupe forcenée qui demandait sa mort, il essaya de

17*

s'échapper sous un déguisement , fut reconnu, conduit au pied du grand escalier et immolé près du lion de porphyre. Né avec du talent et de l'enthousiasme, Rienzi était par conséquent capable de grandes choses ; mais quand il devait ne chercher que la gloire , il fut ambitieux de l'éclat et, *après avoir commencé*, dit voltaire, *comme les Gracques , il finit comme eux par une mort violente.*

Il a paru dernièrement, à Londres, un roman historique sur *Rienzi*, par un jeune français, *M. Auger de Saint-Hypolite.* Cet ouvrage dont les journaux de Paris n'ont pas rendu compte, mériterait pourtant de justes éloges par de grandes beautés et d'excellents principes. On admire, en le lisant, le talent de l'auteur ; mais on aime surtout son caractère (*a*); et l'on serait heureux de l'avoir pour ami, car il parle de l'amitié avec une inspiration qui assure que non-seulement il en connaît les devoirs, mais qu'il sait aussi y être véritablement fidèles.

De tels ouvrages répondent victorieusement aux accusations que des entrepreneurs de bigotisme adressent journellement à la jeunesse française; ils la calomnient pour la corrompre en la décourageant , afin de la rendre plus flexible au joug qu'ils essaient de nous imposer. Pour plaire à ces héritiers des *vertueux* contemporains de la régence et du parc aux cerfs, il faudrait que, semblables aux Germains dont parle Salvien (*b*), nous re-

---

(*a*) *Le style, c'est l'homme*, à dit Buffon, et l'écrivain qui se fait aimer par ses ouvrages, a obtenu le succès le plus glorieux, celui qui doit être le mieux apprécié par un bon cœur.

(*b*) *Cantinelenis infortunia sua solantur.*

çussions leurs chaînes en chantant, au lieu de chercher
l'étendu de nos droits dans l'origine des choses.

NOTE 24.

Le Dante, Machiavel, Véri, etc.

> La conscience ne se détermine point par
> les chances plus ou moins probables d'un ré-
> sultat utile ; on risque chaque jour sa fortune
> et sa vie sans espoir de succès, et l'on fait
> bien : on remplit un devoir dont le résultat
> est au moins l'estime publique.

*Paroles de M. de Châteaubriand, à l'Acadé-
mie française, le 16 janvier 1827.*

Dante Alighieri nacquit à Florence, d'une famille
ancienne et attachée au parti des Guelfes. L'amour le
fit poète dès l'âge de neuf ans, et c'est cette *Béatrice*,
aussi du même âge, si souvent chantée depuis dans tous
ses ouvrages, qui lui inspira ses premiers vers. Il la perdit à vingt-cinq ans, mais il ne l'oublia jamais; et, en plaçant son nom dans sa *divine comédie*, il lui a donné l'immortalité.

Ses études, son amour, ni les folâtres amusements de
la jeunesse, ne le détournèrent pas des devoirs de citoyen; il prit les armes contre les Gibelins, et se distingua, en 1289, à la bataille de Campaldino; quelques
temps après il eut le fatal honneur d'être élu l'un des
suprêmes magistrats de la république, et ce fut cette
élection qui causa toutes ses infortunes, parce qu'il sut
résister au pouvoir dans l'intérêt de ses mandataires.

La faction des Guelfes se subdivisa en deux rangs,

les noirs et les blancs ; les premiers, soumis aux papes, qui sous le spécieux prétexte de protéger la république ne tendaient qu'à l'asservir ; es autres, défenseurs courageux de l'indépendance nationale, comptaient dans leurs rangs les citoyens les plus vertueux de l'état et Dante en était du nombre. Malgré les efforts des blancs, Charles de Valois, frère de Philippe le Bel, alors favorisé par le pape Boniface VIII, entra à Florence avec une armée, et s'y rendit maître absolu.

Le premier soin des vainqueurs fut d'exciter, contre Le Dante, la populace en fureur ; sa maison fut pillée, entièrement rasée et lui même condamné, par contumace, à être brulé vif avec plusieurs de ses amis. Pour donner un prétexte à cette rigoureuse condamnation, on l'accusa des crimes les plus odieux ; car la tyrannie est toujours habile à soulever l'indignation par la calomnie contre ceux qui résistent à son déspotisme ; mais il se déroba par la fuite, et ce fut durant son exil qu'il composa le livre de la *Monarchie*, qui lui fit de si nombreux ennemis parmi les partisans de la souveraineté des papes sur le temporel des rois. Il y soutient la dépendance immédiate où le monarque est de Dieu, borne les droits de l'évêque de Rome à l'autorité spirituelle et prouve, par la raison comme par l'ancien et le nouveau testament, que l'empire qui existait avant la papauté, ne doit pas être dans l'église, mais bien l'église dans l'état.

Il faut se reporter aux temps et se rappeler les circonstances pour comprendre tout ce qu'il y a de courage de la part du Dante dans la composition de son livre *de Monarchia*. Le trône pontifical était occupé par Boniface VIII, ce prêtre fougueux qui, en faisant la distinction des deux glaives, osait s'en attribuer la puissance exclusive, offrir la couronne de France à l'archiduc d'Autriche, et délier les sujets de Philippe le Bel du serment de fidélité.

Ce pontife commandait en maître à Florence ; le Dante en était exilé , et l'on prévoit combien Boniface mit de haine à punir par d'odieuses mesures la noble indépendance du poète; mais nulle crainte ne put ralentir son courage, et il aima mieux mourir sur une terre étrangère que de renoncer aux principes qu'il regardait comme le boulevard des libertés publiques.

Le Dante a attaqué la corruption de la cour pontificale dans plusieurs autres de ses ouvrages , notamment dans ses courageux tercets et même dans le *Paradiso,* où l'on trouve sur Rome ce vers fameux par son énergique vérité.

> *Là , dove christo tutto di si merca.*
>
> *Parad. c.* 17. *v.* 49.

Les peuples de l'Europe qui se sont laissés asservir par la tyrannie ont montré combien ils étaient propres à l'esclavage en ne laissant presque jamais échapper un mouvement généreux. Les Italiens, au contraire, gardèrent toujours au milieu de leurs chaines les souvenirs de leur grandeur passée ; et l'on vit apparaitre, à toutes les époques de leur histoire, des écrivains courageux qui tentèrent du moins de soulever le voile honteux dont le despotisme enveloppe ses actes.

Celui qui les a tous éclipsés, c'est le divin Machiavel ; car on n'oserait plus regarder maintenant comme un suppôt de la tyrannie l'auteur du *Prince,* puisqu'il est prouvé qu'en écrivant ce livre il a voulu apprendre aux peuples a pénétrer dans les secrets du pouvoir, afin qu'ils se prémunissent contre son iniquité.

L'attachement de Machiavel à la liberté l'exposa aux plus cruelles persécutions l'inquisition le condamna et il fut mis à la torture comme libertin (*libertino*), ce qui à cette époque ne voulait pas dire débauché, mais dévoué à l'indépendance de la patrie et ennemi de tout ce qui n'était pas légal. Dans tous les pays agités par les factions, on change la signification des mots. En Espagne, ces hommes qui préfèrent le froc au manteau royal, se parent du nom vénéré d'*apostoliques*, et nous avons vu un temps ou le titre de *patriote*, ambitionné jadis par les plus vertueux citoyens, avait été usurpé par des tyrans que les vrais *libéraux* livrent à l'exécration de tous les siècles.

Machiavel dut s'envelopper d'une espèce d'assentiment à la tyrannie, pour qu'au milieu de l'oppression qui l'environnait, il lui fut possible de faire entendre des vérités courageuses. La preuve que son livre signalait les doctrines de la servitude au lieu de les défendre, c'est que les jésuites se déclarèrent ses plus violens ennemis, et l'on sait que ces vénérables pères n'ont jamais mérité le reproche d'être les apôtres de la liberté.

Le cardinal Polus prétendit que le *Traité du prince* avait été écrit avec les doigts de satan (*satanœ digitis*); plusieurs écrivains publièrent, par ordre du pape, différents ouvrages contre Machiavel, ce qui doit lui servir d'une entière justification ; quoique d'ailleurs on put attribuer la violence du souverain pontife à son égard à tout ce qu'il avait écrit contre la cour de Rome, dans ses discours sur la première décade de Tite-Live.

Il dit formellement que ce sont les coupable exemples de cette cour qui ont détruit, parmi les Italiens, la religion et la piété ; et en preuve de ce qu'il avance, il propose d'envoyer la cour romaine parmi les Suisses, dont les mœurs pures se sont maintenues à travers la corruption générale, et il affirme que la démoralisation secerdotale y causera plus de désordres que tout autre événement possible.

Certes, des propositions énoncées avec cette hardiesse, prouvent suffisamment que leur auteur n'était pas un homme servile.

Depuis Machiavel plusieurs génies indépendants ont également fleuri en Italie jusqu'à nos jours ; mais je ne rappellerai qu'Alfieri surnommé *le Barde de la liberté*, et Beccaria, dont le nom se rattache à la victoire remportée par la raison contre l'arbitraire, le fanatisme et l'ignorance.

Ce fut en 1764, que le marquis de Beccaria publia *le Traité des délits et des peines ;* il avoue, dans son introduction, avec la plus noble simplicité, qu'il craint de trouver ses contemporains injustes à son égard, et il ajoute ces paroles remarquables qui devraient être la règle de conduite de tous les écrivains dont les talents sont employés à rendre les hommes meilleurs et plus heureux. *Si je pouvais,* dit-il, *arracher à la tyrannie ou à l'ignorance quelqu'une de leurs victimes, les larmes et les bénédictions d'un seul innocent, dans les transports de sa joie, me consoleraient du mépris du genre humain.*

Le marquis de Beccaria fut cruellement persécuté, comme le sont tous les bienfaiteurs des hommes ; on l'accusa de sédition et d'athéisme, parce qu'il est plus facile de calomnier le génie que de le vaincre. Il mou-

rut d'apoplexie, en novembre 1793, âgé de cinquante-
huit ans. — Je parle du comte Alfieri dans le texte.
Quant à Filangieri, on peut voir son article à *la note* 29
de la fin du volume.

NOTE 33.

Par la marche de sa politique.

..... Parce qu'un fripon vous dupe avec audace
Sous le pompeux éclat d'une austère grimace,
Vous voulez que partout on soit fait comme lui,
Et qu'aucun vrai dévot ne se trouve aujourd'hui.
Laissez aux libertins ces sottes conséquences :
Démêlez-la vertu d'avec ses apparences,
Ne hasardez jamais votre estime trop tôt,
Et soyez pour cela dans le milieu qu'il faut.
Gardez-vous, s'il se peut, d'honorer l'imposture :
Mais au vrai zele aussi n'allez pas faire injure ;
Et s'il vous faut tomber dans une extrémité,
Péchez plutôt encor de cet autre coté.

Tartufe, act. 5, sc. 1.

Un jésuite qui vit encore, en m'entretenant du dernier roi, m'écrivit, le mois de juillet 1817, ces propres
paroles, que je n'ai pas besoin de qualifier. La lettre qui
les contient est déposée à Londres avec mes autres ma-
nuscrits, et trouvera sa place dans la partie des *Souvenirs du duc de Richelieu* qui se rapporte à l'année 1817.
Elle servira peut-être, avec d'autres pièces authentiques
que je publierai avec exactitude, à prouver que les
alarmes du généreux comte de Montlausier ne sont
pas si folles que voudraient se le persuader des optimistes
dont la confiance est véritablement effrayante. Libre

de l'esprit de parti et de toute passion haineuse, je n'imiterai point un moderne biographe qui, après avoir été reçu dans la célèbre compagnie, lui a payé les bienfaits de l'hospitalité en dévoilant sans utilité réelle la conduite privée de la plupart de ses membres, je respecterai les individus ; mais je me dois à moi-même, comme chrétien et comme Français, de faire connaître, au moyen de faits et de pièces authentiques, les maximes par lesquelles on égare la jeunesse en dissimulant, sous un prétexte religieux, le projet sacrilége de mettre le pied sur le cou des rois, d'arracher le sceptre de leurs mains et de faire servir les peuples abusés d'instruments passifs aux succès de ces vues.

J'étais si jeune 1817 et si complètement séduit, que les paroles régicides que je cite dans le texte, me paraissaient toutes saintes, bien que j'eusse donné ma vie pour la royauté !.......... Certes, quand j'ai pu, par les inspirations d'un moine, faire des vœux pour la mort d'un Bourbon, moi qui n'ai jamais aimé ni servi que leur cause, il n'est rien d'impossible aux doctrines hypocrites de ces corrupteurs, sur des cœurs moins remplis que le mien ne l'était alors, d'un dévoûment absolu pour le sang d'Henry IV.

Voyez *Haslam-Ghéraï* annoncé dans l'avertissement.

NOTE 34.

J'ai connu très-particulièrement madame de Krüdner, et puisqu'il faut l'avouer, j'ai été un de ses adeptes ; car il suffisait que ses idées sortissent de l'ordre commun, pour que ma jeune tête les adoptât avec enthousiasme. Je suis maintenant guéri de toutes ces rêveries ; mais cependant je dois à la vérité de dire que cette femme extraordinaire a pu se laisser séduire par son exaltation, mais qu'elle a toujours été de bonne foi et dominée par le désir du bien public. Tant que l'empereur Alexandre a été sous son influence, on l'a vu défendre les droits des peuples avec une générosité qui sera son plus beau titre de gloire; mais lorsque les fauteurs du despotisme s'emparèrent de l'esprit de ce prince, madame de Krudner perdit sa confiance, et l'on vit aussitôt apparaître dans ses conseils une autre sibylle que j'ai aussi connue, et que la France a l'incomparable honneur d'avoir vu naître.

C'est aux *visions* de cette nouvelle prophétesse que l'on doit attribuer le système funeste qui a pesé sur l'Europe depuis 1819. Son crédit sur Alexandre s'affaiblit considérablement après le congrès de Véronne, et ce furent la haute raison de M. de Châteaubriand et la p*été* sincère de M. Mathieu de Montmorency qui éclairèrent ce prince, bien que ces messieurs ne se soient peut-être jamais doutés de l'effet qu'ils avaient produit.

Je peux d'autant mieux garantir l'authenticité de ce fait, que j'ai eu entre les mains les lettres authographes d'Alexandre *à cette dame*, et de deux de ses conseillers; j'en donnerai, dans Haslam, des extraits qui viendront à l'appui des détails que je me propose de publier.

La confiance que l'empereur de Russie accordait aux *révélations*, a fait penser que le métier pouvait être bon; et il l'est en effet, car il y a une *récolette* nommée sœur *Thérèse*, pour qui l'on a acheté le bel hôtel de Valence, rue de la Magdelaine, où elle rend ses oracles; c'est l'*Egerie* de notre époque; mais comme

elle est sous la direction d'un prêtre Gallican, les jésuites ont voulu également en avoir une, et le révérend
père R........ a persuadé à une *cardeuse* de la rue de
Sèvres, qu'il fallait monter sur le trépied ; elle y est
montée, et c'est peut-être aux inspirations de cette
Nymphe que le Numa du dix-neuvième siècle doit sa loi
de justice et d'amour.

Quoi qu'il en soit, ceux qui voudront de plus amples
détails sur toutes ces misères, véritablement affli-
geantes pour les hommes sincèrement attachés à la religion et à la monarchie, pourront les lire dans les
notes *d'Haslam-Ghéraï*, annoncé dans l'avant-propos.

FIN DES NOTES.

ERRATA.

Page 4, ligne 14, *une épisode*, lisez *un épisode*.
Page 62, à la note, *avertit cue*, lisez *avertitque*.
Page 66, ligne 14, *avec honheur*, lisez *avec
bonheur*.

Page 84, ligne 8, ne se fait pas *attendre*, lisez *entendre*.

Même page, ligne 16, *Ponse*, lisez *Ponce*.

Page 119, à la note, *phillélènes*, lisez *phil-hellènes*.

Page 153, ligne 23, *indépendant*, lisez *indépendamment*.

Page 154, ligne 5, *phisionomie*, lisez *physionomie*.

Page 168, lig. 1, *traînée*, lisez *traîné*.